세계를 여행한 식물들

모험가를 따라
바다를 건넌
식물 이야기

세계를
여행한 식물들

카티아 아스타피에프
권지현 옮김

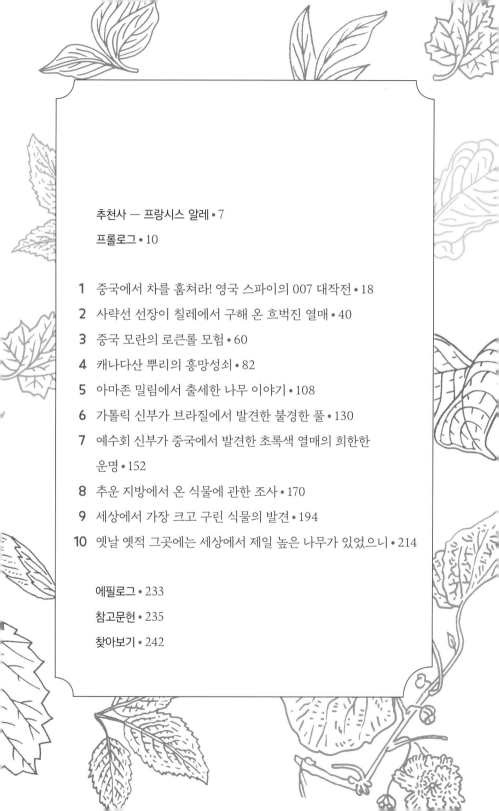

추천사

카티아 아스타피에프의 책《세계를 여행한 식물들》을 재미있게 읽었다. 이 책은 매우 교육적이면서도—식물학 책으로는 드물게—자극적이고 심지어 흥분을 불러일으켰다.

더 자세히 살펴보면, 이 책은 민족식물학 저서에 가깝다. 저자가 식물 자체에 관한 것보다는 세계 곳곳을 누볐던 식물학자들 덕분에 키위, 세쿼이아, 인삼, 딸기, 담배, 대황, 차 등의 이국적 식물종이 어떻게 우리에게 친숙해졌는지에 관한 이야기를 들려주기 때문이다. 식물학자들은 때로는 목숨을 걸고 식물의 본고장으로 떠났고, 그곳에서 그 식물이 어떤 유용한 쓰임이 있는지 밝혔으며, 가능할 때마다 유럽에 해당 식물을 재배하기 위해 들여왔다. 들여올 수 없을 때에는 표본과 그림, 그리고 귀중한 설명 자료를 가지고 돌아왔다.

그런데 식물학자라고 해서 다 현장에서 일하는 것은 아니다. 식물 보존소, 식물원, 식물 표본 수집소, 또는 계통학을 연구하는 유전학 연구소에서 일하는 식물학자가 많다. 그들에게 이 책을 선물하면 좋겠다. 현장에서 일해야 식물의 본성을 알 수 있고, 식물의 지성이 제대로 평가될 수 있다는 것이 나의 신념이다.

내가 좋아하는 식물학자는 피에르 푸아브르Pierre Poivre이다. 그는 1719년에 프랑스 리옹에서 태어났고, 당시 네덜란드인들이 독점하던 허브를 모리셔스섬에 들여오려고 했다. 인도네시아로 가던 중 영국인들과 해전을 벌이다가 포탄에 맞아 오른손을 잃었던 그는 이때부터 왼손으로 글을 썼지만 장애가 연구를 막지 않았다. 그는 18세기 말에 모리셔스섬의 국립식물원에서 정향과 육두구를 길러냈다.

사실 나는 '모험가'로서의 열정은 없지만 살면서 많은 모험가들을 만났다. 그런데 그들은 열대우림보다 에어컨이 시원하게 나오는 술집과 더 친한 사람들이었다. 내 생각에 저자가 말하는 영웅들은 모험을 찾지 않았다. 그들이 찾았던 것은 훨씬 흥미로운 것이었다. 바로 식물들 말이다.

나는 이 책의 문체가 특히 마음에 든다. 누군가는 규범을 벗어났다고 말하겠지만 식물학 저서의 문체는 바뀌어야 할 필요가 있다.

지금 당신이 손에 쥔 이 책은 완전히 새로운 차원을 열었다!《세계를 여행한 식물들》은 식물학 최초로, 가상현실, 록 공연장, 비디오 게임의 언어를 도입했다.

프랑시스 알레

2018년 2월 9일

프롤로그

> "식물학은 연구실의 그늘에서 쉬면서 할 수 있는 정적이고 게으른 학문이 아니다. (…) 식물학은 산을 타고 숲을 누비고 험한 바위를 오르고 가파른 낭떠러지 가까이 다가갈 것을 요구한다."
>
> 베르나르 드 퐁트넬(1657~1759)
> 《투른포르 찬양》

중국에 갔을 때 나는 윈난성의 한 계곡에서 발걸음을 멈췄다. 그곳은 아름다운 리장시에서 멀지 않은 위후구라는 곳이었다. 해발 5,596미터에 달하는 위룽설산 아래에 옹기종기 모여 있는 작은 집들은 지붕이 '원숭이 대가리'라는 별명을 가진 돌로 만들어졌다. 나시족 노부들은 파란 모자와 전통 의상을 입고 좁은 골목길을 다녔다. 그곳은 숨이 막힐 정도로 풍광이 아름다웠다. 왜 그가 그곳을 떠나려 하지 않았는지 금세 알 수 있었다.

나는 그의 집을 보러 위후구에 갔다. 그가 살던 집. 그의 아지트. 그는 엉뚱하지만 천재적이었고, 무모하지만 기품 있었던, 식물과 중국에 미쳤던 식물학자 조지프 록이다. 식물과 관련된 많은 현상을 발견했던 그의 삶은 그야말로 파란만장했다.

이 마법 같은 장소에는 여행, 식물, 모험가라는, 내가 열정적으로 좋아하는 것들이 결합되어 있다. 여행이라면 나는 가끔 블레즈 파스칼의 문장을 떠올린다. "인간의 모든 불행은 한 가지에서 시작된다. 그것은 바로 방안에서 편안하게 머물지 못한다는 것이다." 그건 아니지, 파스칼!

내 방은 편안하고, 침대는 폭신하다(양탄자는 바꿔야겠지만). 하지만 그 방에서는 시베리아 횡단 열차 3등석 침대에 앉아 세계에서 가장 신비로운 숲과 끝없이 펼쳐진 스텝을 창밖으로 바라보며 느끼는 기분 좋은 고단함을 맛볼 수는 없을 것이다. 키르기스스탄의 한 여인숙에서 삐걱거리는 침대에 누워 느끼는 자유를 만끽할 수도 없을 것이고, 야외 텐트에서 세차게 비가 내리는 아일랜드의 무자비한 밤을 느낄 수도 없을 것이다.

도대체 방안에 앉아 세상에 대해 무엇을 알 수 있다는 걸까? 열대림의 습기와 나무 냄새를 어떻게 알 수 있단 말인가? 도시의 악취와 고장 난 버스의 냄새는? 방이란 자고로 여행과 여행 사이에 잠시 쉬어가는 정거장일 때가 좋은 것이다.

나는 이런 질문을 많이 받는다. "왜 떠나는 겁니까?" 답은 쉽고도 너무나 자명하다. "어떻게 떠나지 않을 수 있나요?"

나는 그렇게 세상을 다녔다. 세상을 다큐멘터리로 보고, 추측하는 대로가 아니라 있는 그대로 보기 위해서였다. 나는 탐험가들이 남긴 흔적을 따라 겸손한 자세로 떠났다. 그 흔적이 아주 먼 곳에 있더라도 말이다. 지도와 GPS 없이 모험을 떠나는 시대는 끝났다. 그래서 나는 중국을 횡단하고 조지프 록이라는 특별한 식물학자의 특별한 삶을 조명하는 책을 쓸 계획을 세웠다. 그가 발견한 것 중 하나가 신비로운 양귀비였는데 그 발견 자체가 웬만한 추리소설 못지않다. 그가 양귀비를 발견한 이야기뿐 아니라 이국적인 식물들에 관하여 잊었거나 믿을 수 없는 이야기들도 이 책에서 소개하고자 한다. 아름답고 독특하며 재미있는 식물들에 나는 끊임없이 매료되었다. 식물들이 가지고 있는 적응 능력과 소통 능력은 과소평가되지만 그렇다고 식물에게 지성이 있다고까지는 말하지 않겠다.

식물에는 저마다 이야기가 있다. 대황을 예로 들어보자. 커다랗고 못생긴 잎을 가진 대황은 수백 년 전부터 서양의 채소밭에 자라고 있었다. 대황은 파이 만드는 데나 쓰는 게 아니냐고? 그건 오해다. 대황의 고향은 중국의 오지와 티베트 고원이다. 시베리아를 횡단한 대황은 러시아의 오지를 탐험하라는 예카테리나 2세의 명을 받았던 위대한 자연 과학자 페터 지몬 팔라스를 떠올리게 한다. 대황은 단순한 식물이지만 시베리아의 이미지를 연상시키고 바이칼호수와 정이 많은 러시아인을 친근하게 만든다.

자, 이제 설득이 되었을까? 그렇다면 캘리포니아의 세쿼이아를 떠올리자. 골드러시, 카우보이, 말을 타고 달려오는 클린트 이스트우드…… 흠…… 주제에서 좀 벗어났군. 다시 세쿼이아로 돌아오자. 거대하고 웅장하고 위풍당당한! 동의어 사전을 펼치면 미국 서부를 상징하는 세쿼이아를 지칭하는 형용사를 수없이 찾을 수 있을 것이다. 세쿼이아의 역사는 조지 밴쿠버와 함께 세계일주를 했던 탐험가 아치볼드 멘지스와 떼려야 뗄 수 없다. 세쿼이아를 처음 봤을 때 나는 금문교를 처음 봤을 때보다 훨씬 큰 감동을 받았다.

그리고 거대한 꽃도 상상해 보라! 세계에서 가장 큰 꽃을! 라플레시아라는 꽃에 대해서 들어본 적이 있는가? 이 특이하고 거대한 생명체는 말레이시아의 정글 속을 힘겹게 걸어가다가 만났다. 이런 꽃 앞에서 어떻게 놀라지 않을 수 있을까. 파라고무나무는 어떤가? 들어본 적이 있다고? 하긴 더 잘 알려진 식물이긴 하다. 하지만 이 식물과 그 발견자의 놀라운 이야기를 아는 사람은 많지 않다.

식물과 탐험하는 식물학자의 이야기는 수없이 많다. 이 책에서는 10가지 이야기를 소개한다. 10개의 식물과 10명의 사람, 그리고 10편의 탐험. 물론 식물의 대서사시는 인간의 모험, 지난 시대의 몇몇 영웅과 관련이 있다. 그 영웅들은 지식의 유목민들, 녹색 황금을 찾아 떠난 사람들이었다. 실제로 존재하든 허구의 인물이든, 누구나 좋아하는 영웅, 스타, 위인이 있다. 간디, 마더 테레사, 마이클 잭슨, 레이디 가가를 좋아하는 사람이 있고, 빅토르 위고, 넬슨 만델라, 미셸 스트로고프, 보그다노프 형제(설마 있을까?)를 좋아하는 사람도 있다.

나는 진짜 모험가들을 좋아한다. 과학, 지식, 발견을 위해 세계를 누빈 사람들, 식물 탐험가들을 말이다. 그들은 해리슨 포드나 숀 코네리처럼 멋있게 생긴 건 아니지만 지금은 볼 수 없는 인물들이다. 지금은 소설 속에나 존재한다. 스코틀랜드의 식물학자 로버트 포춘을 보라. 그는 스파이 노릇을 했고, 중국에서는 영국인 특유의 냉정함을 유지하면서도 오지를 탐험하다가 죽을 뻔했다. 스탬퍼드 래플스 경은 싱가포르를 건국한 다음에 경이로운 자연을 발견하려고 정글을 누비며 시간을 보냈다.

찰스 다윈과 쿡 선장도 사람들의 기억 속에 남았고, 자연과학을 조금이라도 공부한 사람이라면 칼 폰 린네의 이름을 들어봤을 것이다. 하지만 프랑수아 프레노 드 라 가토디에르, 앙드레 테베, 미셸 사라쟁이라는 이름을 누가 기억하는가? 나는 이 책에서 바로 그들에게 경의를 표하고 싶다.

식물의 세계에 대해서 매일 새로운 것이 알려지는 요즘에 나도 10개의 식물에 관해 최근에 알려진 정보를 조금 나누고자 한다. 몇 가지 사소한 사건들, 짧게 쉬어가는 이야기들, 놀랍거나 새로운 과학적 사실들이 이 책 전체에 걸쳐 있다. 여행이 끝나려면 아직 멀었다.

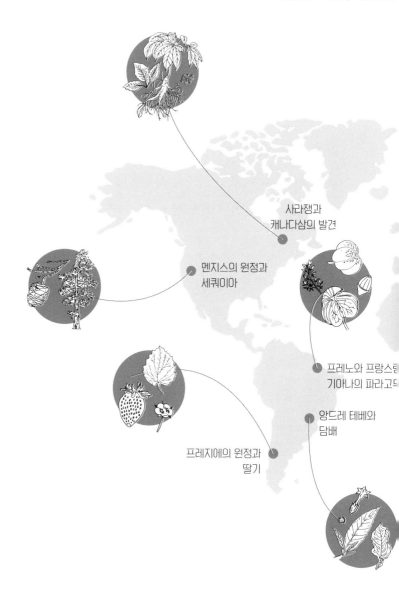

사라쟁과
캐나다삼의 발견

멘지스의 원정과
세쿼이아

프레노와 프랑스령
기아나의 파라고드

앙드레 테베와
담배

프레지에의 원정과
딸기

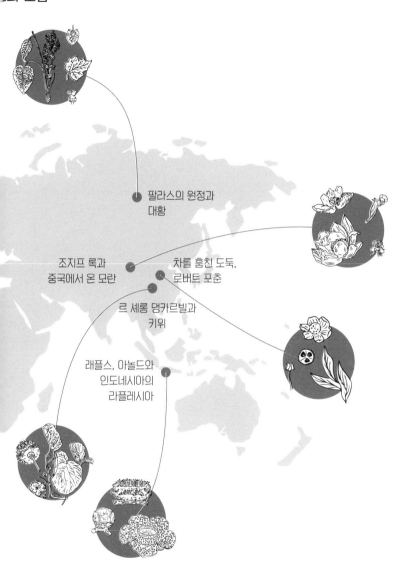

팔라스의 원정과
대황

조지프 록과
중국에서 온 모란

차를 훔친 도둑,
로버트 포춘

르 셰롱 댕카르빌과
키위

래플스, 아놀드와
인도네시아의
라플레시아

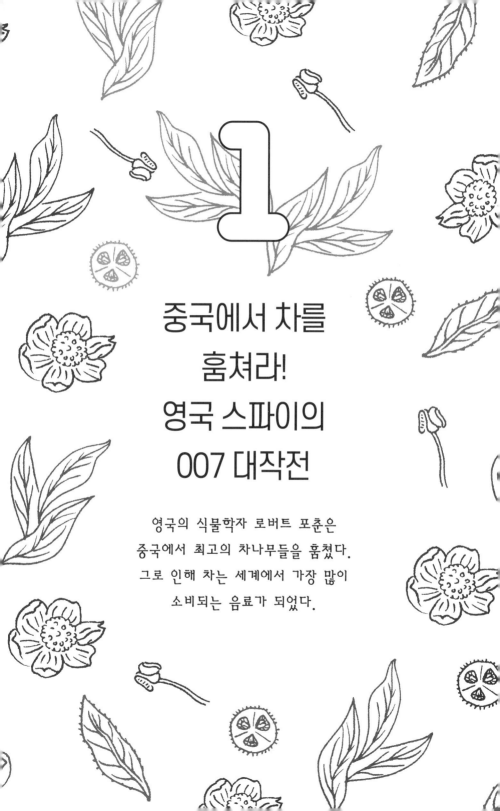

1

중국에서 차를
훔쳐라!
영국 스파이의
007 대작전

영국의 식물학자 로버트 포춘은
중국에서 최고의 차나무들을 훔쳤다.
그로 인해 차는 세계에서 가장 많이
소비되는 음료가 되었다.

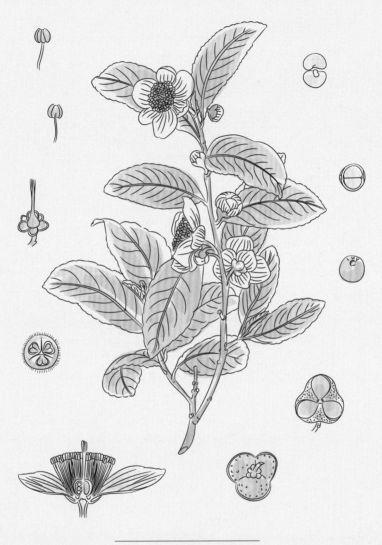

차나무

Camellia sinensis (L.) Kuntze

차가 없다면 어떻게 영국인들을 놀릴 수 있을까? 또 어떻게 세상 사람들을 차 애호가와 커피 애호가로 나눌 수 있을까? 차와 커피를 둘 다 좋아하는 사람도 있지만 말이다. 어떻게 모로코 식당에서 테이블에 둘러앉은 사람들을 웃기지도 않고 테이블보를 더럽히지도 않으면서 주전자를 능숙하게 다룰 수 있을까?

　말이 나온 김에 주전자에 대해서 짚고 넘어가자. 찻주전자가 없다면 《이상한 나라의 앨리스》의 3월 토끼와 모자 장수는 어디에 겨울잠쥐를 숨길 수 있을까? 소설 말고 이번에는 과학으로 넘어가 보자. 유타 주전자라고 들어본 일이 있는가? 유타 주전자는 컴퓨터 그래픽스에서 표준 참조 물체가 되는 3차원 컴퓨터 모델이다. 테라코타, 무쇠, 도자기로 만든 가지각색 찻주전자들을 끌어 모으는 독특한 수집가들은 두말할 나위 없다. 심지어 차 거름종이와 차 거름망 수집가도 있다.

차는 단순한 음료가 아니다. 차나무라는 대단한 식물이 없었다면 아마 세상은 달라졌을 것이다. 짐작했겠지만 차나무는 키가 작은 식물인 관목이고, 차는 차나무의 잎으로 만든 것이다. 이것도 짐작했겠지? 하지만 이건 몰랐을 것이다. 티백 형태의 차는 주로 차 가루로 만든다. 차를 선별하는 자리를 빗자루로 쓸면 차 가루가 모이는데, 이것은 나처럼 차에 대해서 아무것도 모르는 서양인에게 대접할 저품질의 차로 완벽하다.

좀 더 정확하게 (그리고 유식하게) 차나무에 대해 알아보자. 차나무의 라틴어 학명은 카멜리아 시넨시스*Camellia sinensis*이다. 사실 차나무는 집에서 자주 키우는 예쁜 동백나무와 같은 과와 속에 속한다. 차나무가 유럽에 도입된 것은 우연이 아니었다. 17세기에 동인도회사가 중국의 독주를 막으려고 유럽에 차를 들여온 것이다. 동인도회사는 어린 나무를 주문했지만 중국인들이 더 약삭빨랐다. 차나무가 아니라 동백나무*Camellia japonica*를 보낸 것이다. 영국인들은 사기행각을 알아차렸지만 그렇다고 완전히 손해만 본 것은 아니었다. 관상용인 동백나무가 눈이 부실 정도로 아름다워서 영국에서 대성공을 거두었기 때문이다.

아편의 나라에서

차나무는 중국에서 수천 년 전에 알려졌고 중국이 유일한 재배지였다. 17세기에 포르투갈과 네덜란드 상인들이 서양으로 들여온 차나무는 19세기 중반에 최상의 차를 얻기 위해 오랫동안 고심했던 영국이 그야말로 훔치다시피 가져갔

차가 아니면 죽음을 다오!

사전적 의미의 차는 카멜리아 시넨시스를 가리키지만 실제로는 다른 식물로 만든 음료도 포함한다. 남아프리카공화국이 원산지인 로이보스는 사실 차와 아무런 연관이 없다. 아스팔라투스 리네아리스*Aspalathus linearis*라는 관목으로 만든 로이보스는 진짜 차와 달리 카페인이 함유되어 있지 않다. 브라질과 포르투갈에서 즐겨 마시는 마테차는 일렉스 파라과리엔시스*Ilex paraguariensis*라는 마테나무의 잎으로 만든 음료로, 로이보스와는 달리 카페인이 들어 있다. 1750년경 프랑스에서는 민트나 린덴*Tilia vulgaris*을 따뜻한 물에 넣어 우린 음료를 차라고 불렀다.

다. 그 당시에는 두 종류의 식물이 세상을 지배했다고 할 수 있다. 이 꼭지의 주인공인 차나무와 그 누구에게도 권하지 못할 양귀비Papaver somniferum 말이다. 영국은 인도에서 양귀비를 독점적으로 재배했고, 중국은 차 재배에 거의 완전한 독점권을 가지고 있었다.

약 200년 동안 동인도회사는 중국인에게 아편을 팔았고, 중국인은 아편을 사려고 동인도회사에 차를 팔았다. 모두가 원하는 것을 얻은 셈이었다. 영국인은 양심이라고는 없는 마약 거래 전문가였고, 동인도회사는 인류 역사상 최대의 마약 거래상이었다. 이는 중국인들에게 비극적인 결말을 가져왔다. 영국은 무역을 발전시키기 위해서 1839년에 제1차 아편전쟁을 일으켰고(전쟁은 1842년에 끝났다) 전쟁에서 승리하면서 중국의 여러 항을 개항시킬 수 있었다. 그것도 모자라 홍콩이라는 보너스까지 얻었다. 1845년경 영국은 중국과 무역 거래를 재개하는 데 기뻐하면서도 거기에 만족하지 않았다. 그들은 인도에서 재배할 최상품의 차나무를 확보하고 홍차와 녹차 제조 기술을 알아내려 했다.

영국이 목적을 달성하기 위해 동원한 방법은 바로 스파이를 파견하는 것이었다. 중국을 잘 알고 차의 비밀을 알아내기 위해 물불을 가리지 않을 용감한 사람이 필요했다. 그렇게 해서 찾아낸 사람이 바로 영국의 유명한 식물학자인 로버트 포춘Robert Fortune(1812~1880)이다. 그는 1848년에 중국으로 향했다. 포춘은 에든버러 식물원에서 일했고, 공부를 많이 하지는 않았지만 원예와 식물학에서 천재적인 재능을 보였다. 또 영국 왕립원예학회에 의해 처음으로 중국에 보내졌을 때의 경험을 1843년에 책으로 발표해서 유명해졌다. 중국 북부 지방에서 3년을 보냈던 포춘은 이때 이미 차에 대해서 알고 있었고, 그전에 했던 여행에서도 감귤류에 속하며 껍질째 먹는 작고 둥근 과실인 금감Fortunella, 재스민, 국화 등 생소한 식물들을 유럽에 들여온 적이 있었다.

식물학자 스파이

현실이나 허구 속에서 스파이에 관한 이야기를 들어본 적이 있을 것이다. 원자력이나 최첨단 기술 분야에서 기밀을 빼내려 침투한 최고의 과학자들 말이다. 하지만 식물학자 스파이가 있다는 말을 들어본 적이 있는가? 식물을 다루는 제임스 본드나 마타 하리 같은 사람 말이다. 그들보다 섹시하거나 유명하지는 않지만 로버트 포춘은 그들처럼 기상천외한 삶을 살았다.

우리의 영웅을 어떻게 표현하면 좋을까? 산업 스파이나 도둑놈이라고 할 수는 없는 노릇이고! 말하자면 식물을 훔치는 괴도신사 아르센 뤼팽 쯤 되겠다. 야망에 불타고 결의에 찬 식물 애호가이자 조국을 위해 일한다는 확신에 찬 애국자로 말이다. 그는 경제 질서를 뒤흔들어서 세계를 조금 바꾸고 조국 영국을 경제대국으로 부상시키는 데 일조한 남자라 할 수 있다. 스코틀랜드에서 농부의 아들로 태어난 포춘은 중국으로 떠나면서 많은 돈을 받았다. 사실은 아주 큰돈을 벌 수 있었다. 그러나 매우 위험한 여행에 그를 뛰어들게 만든 것은 돈이 아니라 모험에 대한 열정이었다.

그가 망설임 없이 받아들인 임무는 최상급 차나무가 자라는 중국 남부에 가서 차나무와 차나무 씨앗을 가져오는 것이었다. 푸젠성의 우이산맥과 안후이성의 황산은 그때까지만 해도 유럽인들에게 통행이 금지된 지역이었고, 몇몇 예수회 수도사들을 제외하고는 그곳에 발을 들인 유럽인은 거의 없었다. 사실 포춘은 중국인을 고용할 수도 있었지만 그가 원하는 지역의 차를 가져다주리라는 보장이 없었다. 결국 답은 하나였다. 직접 현지로 갈 수밖에 없었다. 그러나 현지어가 불가능하다는 커다란 장애물이 있었기 때문에 혼자서 갈 수는 없었다. 그 당시에는 북방어를 전국에서 가르치지 않았고,

차 밭. 로버트 포춘의 책 《중국의 차 재배 지역으로의 여행(1852)》에서 발췌한 판화.

중국어 발음을 로마자로 표기한 한어 병음도 아직 마련되지 않았다. 결국 안내인이 필요했다. 아니, 두 명이나 필요했다. 한 명은 몸종이자 통역으로 고용했고, 나머지 한 명은 쿨리(짐꾼)로 고용했다. 그런데 포춘은 이 두 사람 때문에 갖은 고초를 겪어야 했다.

만리장성 너머에 있는 먼 나라의 군주

완벽한 스파이가 되기 위한 첫 번째 관문은 남의 눈에 띄지 않는 것이다. 남의 눈에 띄어서 작은 사건 사고(죽음 같은)를 당하지 않으려고 포춘은 변장을 하기로 결심했다. 스코틀랜드 남자가 앞머리와 옆머리를 밀고 남은 머리를 뒤로 길게 땋아 내린 변발을 하고 있다고 상상해 보라. 우스꽝스러울 것 같지 않나? 하지만 이 방법이 통했다. 머리를 미는 과정은 전혀 유쾌하지 않았다. 서툰 쿨리가 포춘의 두피에 상처를 냈기 때문이다. 포춘은 고통에 눈물을 흘렸고, 뱃사공(뱃사공들은 포춘의 모험에서 중요한 역할을 했다. 그 당시에 중국의 주요 교통수단이 배였기 때문이다. 배를 타고 이동하는 일은 매우 힘들었다)들은 이 광경을 재미있다는 듯 바라보았다. 포춘과 동행했던 두 사내는 여행을 더 힘들게 할 때도 있었다. 포춘은 그의 쿨리를 "내가 가려고 하는 지방 출신이라는 것 외에는 아무런 장점이 없는, 굼뜨고 서툴고 둔한 남자"라고 묘사했다. 또 몸종인 왕에 대해서는 "우리를 궁지에 몰아넣을 뻔한, 어리석고 고집 센 남자"라고 했다. 두 사내는 쉴 새 없이 싸웠고 주인에게 최대한 많은 돈을 뜯어내려고 잔꾀를 부리곤 했다. 또 그들은 실수 연발이었지만 어쩐 일인지 포춘은 늘 위기를 극복했다. 하지만 결국 한 명은 뱃사공들에게 외국인이 타고 있다고 고자질을 하고는 했고, 나머지 한 명은 해적과 도둑들이 저지른 끔찍한 일들을 얘기해 주어 주인이 맘 편히 자지 못하게 만들었다. 그렇지 않으면 게으름을 피우기 일쑤였고, 첩첩산중에서 길을 잃은 척하거나 뱃사공들에게 시비를 걸었다. 외국인처럼 보이는 남자가 누구냐고 물어오면 ("내 이름은 포춘이오." 라고 할 수는 없었으므로) 포춘의 대답은 항상 같았다. "만리장성 너머 먼 나라에서 온 군주올시다." 이 대답에 놀란 사람들은 포춘에게 필요 이상의 친절을 베풀었다. 포춘은 능숙한 모험가답게 이런 상황을 벗어나는 묘안을 가지고 있었다. 아무 반응도 하지 않고 일이 흘러가는 대로 내버려 두는 것이었다.

> "상황을 침착하게 받아들이고 절대 냉정을 잃지 않는다. 이것이 모든 여행가, 특히 중국을 여행하는 사람에게 필요한 말이다. 이것이 항상 최선의 길이다."

영국인의 냉정함은 눈에 띌까 봐 비껴가고 싶은 대도시를 쿨리들 때문에 '그도 모르는 사이에' 통과할 때 잘 통했다. 오히려 집꾼들이 상대방에게 빌린 돈으로 차와 담배를 사는 바람에 서로 싸울 때 포춘은 침착함을 잃었다. 그는 다툼을

막으려고 결국 도둑맞았다는 쪽에 해당 금액을 지불했다. 다른 짐꾼을 구하려다가 오히려 정체가 탄로 날 것이 두려웠기 때문이다. 결국 여행 내내 싸움이 끊이지 않았으니, 차라리 냉정함을 유지하고 사람들의 관심을 끌지 않도록 노력하며 낯선 사람과 말을 하다가 정체를 들키지 않는 것이 최선이었다. 그러던 어느 날, 그는 허기진 상태로 길을 가다가 좋은 여인숙을 발견해 들떴지만 맛있는 식사를 포기할 수밖에 없었다. 그는 젓가락질에 서툴러서 하인들과 함께 저녁을 나중에 먹겠다는 핑계를 댔다.

중국에서 우여곡절을 겪은 영국인

만리장성 너머 먼 나라에서 온 귀족 포춘은 어느 날 아침 여인숙에서 벌어진 난투극 소리에 잠이 깼다. 밖을 내다보니 자신의 하인 한 명이 타다 만 장작을 휘두르며 건장한 사내 열 명이 우르르 달려드는 것을 막고 있었다. 포춘은 방으로 다시 뛰어 들어가 작은 권총을 꺼냈는데, 습기 때문에 포신이 녹슬어 총을 쓸 수 없게 되었다는 사실을 알게 되었다. 포춘은 할 수 없이 '용감하고 결단력 있는 표정'을 하고 밖으로 나갔다. 그런데 사정을 알고 보니, 자신의 하인이 다른 짐꾼들에게 300냥을 사기 치려다가 들킨 것이었다. 이야기는 여기서 끝나지 않는다. 그 다음날, 아무도 포춘과 그의 하인을 위해 일하려고 하지 않았기 때문이다. 하인 싱후가 결국 모든 짐을 지기로 했다. 그런데 당나귀처럼 짐을 가득 지는 바람에 짐을 떠받치던 대나무가 부러지고 짐은 모두 진흙탕에 쏟아지고 말았다. 지금 같으면 아주 얄궂은 상황이었을 것이다. 코미디언 콤비 로럴과 하디가 나오는 무성 영화의 한 장면이 떠오르기도 한다. 실수만 연발하는 사내 녀석에게 벌을 주고 싶었던 포춘은 웃음이 나오지 않았다. 하지만 그는 신사답게 발목까지 진흙에 빠진 하인을 오히려 불쌍하게 여겼다.

또 한번은 남자 네 명이 배의 선장에게 달려드는 일이 벌어졌다. 선장이 쌀가마니를 훔쳤기 때문이었다. 쌀을 도둑맞은 사람은 포기를 모르고 돈으로 싸움꾼들을 사서 보냈다. 가뜩이나 술에 취해 있던 선장이 돈을 내지 않겠다고 버티자 사내들은 돛을 가져가버렸다. 갈 길이 멀건만……

포춘은 여행 도중에 아편을 피우는 사람들도 당연히 만났다. 아편은 그의 관심사가 아니었다. 그는 양귀비보다 동백을 더 좋아했다. 그가 묘사한 아편 중독자들을 보면《땡땡의 모험》에서 푸른 연꽃의 나라 중국에 간 땡땡의 처지가 되고 싶은 마음이 뚝 떨어진다.

"아편을 무분별하게 취했을 때 중독자에게 나타나는 효과는 씁쓸하다. 중독자는 얼굴이 수척하고 낯빛은 창백하며 얼이 빠져 있다. 피부가 매우 칙칙해서 피부 상태만 봐도 아편 중독자라는 것을 알 수 있을 정도이다. 그는 죽을 날을 받아놓은 것이나 마찬가지이다."

정기적으로 아편을 피우는 사람은 5~6년 이내에 사망했다. 아편을 태우면서 나는 연기도 꺼림칙하지만 중독자 옆에서 자면 그밖에도 불편함이 있었다. 포춘도 늙은 관료가 머무는 방의 윗방에서 자다가 그런 경험을 했다. 이상한 소리에 잠을 깬 그는 다음과 같이 적었다.

"그의 코에서는 끔찍할 정도로 불협화음인 소리가 났고, 그뿐만 아니라 그가 아기 같은 울음 소리를 내서 도무지 잠을 잘 수가 없었다."

차의 나라 중국을 여행한 그에게는 불행만 닥쳤던 듯하다. 중국을 여행하며 재미있는 경험을 하고 싶은 사람은 아편만은 피하라. 차라리 취두부나 개고기를 먹어 보는 게 어떨까? 적어도 해롭지는 않을 테니.

차를 마시며 3년을 산 사형수

발자크는 1839년에 발표한 《현대의 흥분제에 관한 개론서*Traité des excitants modernes*》에서 사형수 세 명이 겪은 '흥미로운' 경험을 이야기했다. 사형수들은 교수형 아니면 평생 똑같은 음식 한 가지만 먹는 것 중 선택할 수 있었다. 첫 번째 사형수는 차를 선택했고, 두 번째 사형수와 세 번째 사형수는 각각 커피와 초콜릿을 선택했다. (나도 초콜릿을 선택했을 것이다. 아닌가……?) 이야기의 결말은 다음과 같다.

"초콜릿만 먹은 남자는 8달 뒤에 죽었다.

그리고 커피만 마신 남자는 2년 뒤에 죽었다.

그런데 차만 마신 남자는 3년이나 버텼다.

동인도회사가 벌이던 차 사업에 유리하도록 이런 실험을 의뢰한 것은 아닐까 싶다.

초콜릿만 먹던 남자는 죽을 때 이미 몸의 부패가 상당히 진행되었고 벌레가 몸을 갉아먹고 있었다. 팔다리는 마치 에스파냐 왕조처럼 하나씩 떨어져 나갔다.

커피만 마시던 남자는 고모라가 불과 유황에 망한 것처럼 몸이 타서 죽었다. 타고 남은 재를 석회처럼 사용해도 될 정도였다. 실제로 그런 제안을 했지만 영혼은 영원히 살아남는다는 믿음 때문에 실행할 수 없었다.

차만 마시던 남자는 여위고 창백했다. 그는 온몸의 기력이 쇠진해서 죽었는데 마치 등불처럼 몸이 투명해졌다. 그의 등 뒤에 등불을 두었더니 《타임스》를 읽을 수 있을 정도였다. 영국인들은 워낙 예의범절을 따져 이보다 더 기발한 실험은 할 수 없었다."

녹차 vs 홍차

하인들의 농간에도 불구하고 포춘은 여행을 즐겼다. 중국의 광활한 자연 앞에서 입을 다물지 못했던 것이다. 하지만 그는 중국에 온 이유를 잊지 않았다. 그는 차에 대한 모든 걸 알아내야 했다. 차나무는 중국 전역에서 재배되고 있었다. 때로는 아주 가파른 산비탈에도 차밭이 있었다. 포춘은 원숭이를 차밭에 풀어 찻잎을 따오게 한다는 이야기를 책에서 읽은 적이 있었다. 중국인들은 원숭이를 훈련시키는 게 아니라 돌을 던져 원숭이의 화를 돋우었다. 화가 난 원숭이는 차나무의 가지를 꺾어서 인간을 향해 던졌던 것이다. 하지만 이건 아마 전설처럼 전해 내려오는 이야기일 것이다.

포춘은 그가 과거에 중국을 여행하면서 봤던 것을 확인시켜주는 흥미로운 발견을 했다. 홍차와 녹차가 똑같은 나무에서 나온다는 사실을 알아낸 것이다. 그때까지 유럽인들은 발효 과정이 차이를 만든다는 사실을 몰랐다. 찻잎을 따서 짧은 산화 과정을 거치면 녹차가 완성되고, 홍차는 더 긴 산화 과정을 거친다. 다양한 종류의 차에 대해 포춘은 영국인 중국학자였던 존 프랜시스 데이비스John Francis Davis가 자신의 책 《중국인The Chinese(1836)》에서 설명한 내용을 떠올렸다. 그

차의 재배화

차에 관한 연구는 아직도 진행 중으로, 차의 주요 품종은 세 가지이다.

- 중국 윈난성이 원산지인 중국종*Camellia sinensis var. sinensis*
- 인도에서 재배되는 아삼종*Camellia sinensis var. assamica*
- 동남아시아에서 자라는 캄보디아종*Camellia sinensis var. sambodiensis*

식물학자들은 규칙적으로 분류 작업을 검토하면서 새로운 학명에 관해 합의를 한다(그러지 못할 때도 있다). 그래서 캄보디아종은 삼보디엔시스 대신 라시오칼릭스*Camellia sinensis var. lasiocalyx* 라고 불린다.

2016년에는 분자 연구가 진행되면서 차나무의 재배화에 대해 더 많은 것이 알려졌다.

- 중국종은 중국이 원산지이다. 중국인들은 4,000년 전부터 차를 마셨다.
- 인도에서 재배되는 중국종 차나무가 중국종과 유전적으로 동일한 것을 보면 이것은 중국에서 인도로 건너간 것으로 보인다.
- 중국에서 재배되는 아삼종 차나무는 인도에서 재배되는 아삼종과는 유전적으로 다르다.
- 따라서 중국종, 중국에서 자라는 아삼종, 아삼종은 중국과 인도의 세 지역에서 개별적으로 재배화가 일어난 결과물이라고 할 수 있다.

책은 다양한 품질의 차에 대해 설명하는데, 그중 페코차는 처음 난 찻잎을 따서 흰 솜털처럼 부드러운 맛을 낸다.

차나무는 공식적으로 학명 카멜리아 시넨시스를 얻기 전인 1712년에 중국과 일본을 여행했던 독일인 의사 엥겔베르트 캠퍼Engelbert Kaempfer(1651~1716)에 의해 테아 야포니카Thea japonica로 명명된 적이 있다. 유명한 스웨덴 식물학자인 칼 폰 린네(1707~1778)가 다시 테아 시넨시스Thea sinensis라고 명명했다. 그러나 포춘이 그의 저서에서 언급했듯이, 홍차와 녹차가 서로 다른 두 종류의 차나무에서 만들어진 것이라는 혼동이 생겼다. 그래서 녹차는 테아 비리디스Thea viridis, 홍차는 테아 보헤아Thea bohea라고 불렸다. 그러다가 1887년에 독일의 식물학자 칼 에른스트 오토 쿤츠Carl Ernst Otto Kuntze (1843~1907)가 차나무를 동백나무속으로 분류하고 현재의 학명으로 명명했다.

포춘은 반갑지 않은 발견도 했다. 중국인들이 수년 동안 영국인들에게 독을 먹였다는 사실을 알게 된 것이다. 크게 증가한 차의 수요를 감당하고 돈을 벌기 위해 중국인들은 오래된 홍차를 짙은 파란색 염료로 물들여 녹차로 탈바꿈시켰다. 어차피 영국 야만인들은 맛도 없고 독성까지 있는 차를 구분할 줄도 모를 테니까 말이다.

포춘은 차가 어떻게 운송되는지도 설명했다. 중국인들은 차를 상자에 넣고 그 상자를 대나무에 엮어 고정시킨 다음에 상자가 절대로 땅에 닿지 않도록 했다. 포춘은 차나무 외에 다른 식물들도 채집했는데, 그 식물들을 그저 잡초라고만 생각한 중국인 짐꾼들에게 운반하라고 설득하기가 어려울 때도 있었다. 그는 멋진 당종려를 발견하고 영국에 있는 식물학자인 조지프 돌턴 후커Joseph Dalton Hooker(1817~1911)에게 보내기도 했다. 찰스 다윈의 친한 친구이기도 했던 후커는 당종려를 카마이롭스 엑스켈사Chamaerops excelsa라고 명명했다. 그러다가 당종려가 다른 속으로 분류되면서 트라키카르푸스 포르투네이Trachycarpus fortunei로 다시 명명되었다(어려운 학명 때문에 뭐가 뭔지 모르겠지만 정확성을 따지는 꼼꼼한 독자들에게는 필요한 정보일 것이다. 식물학자들은 라틴어 학명에 엄격하다). 포춘은 한 여인숙 마당에서 멋들어진 측백나무를 보고 기뻐 어쩔 줄 몰랐다. 하지만 벽을 타고 올라가 나무 열매를 따고 싶은 마음을 간신히 눌렀다. 영국 스파이 포춘은 신사답게 행동하며 식물 사냥꾼의 충동을 자제할 줄 알아야 했기 때문이다. 그리고 무엇보다 귀족인양 행세한 사실을 들키지 않아야 했다. 그는 아름다운 매자나무를 보고도 황홀해했다. 이후에 그는 유럽에 매자나무를 들여왔다.

차향의 비밀

차나무의 잎은 왜 은은한 향을 머금고 있을까? 동백나무속에는 백여 종의 식물이 속해있지만 이처럼 특별한 음료를 만들 수 있는 나무는 카멜리아 시넨시스뿐이다. 차의 비밀을 밝혀낸 것은 유전학자들이었다. 중국의 한 연구소는 차나무의 유전정보를 밝혀내서 동백나무속의 다른 나무들과 비교해 보았다. 그러는 데까지 자그마치 5년이나 걸렸다. 그 결과는 2017년 5월 1일에 저명한 국제 학술지인《분자식물Molecular plant》에 실렸다. 그 결과에 따르면, 차나무의 잎에는 카페인, 플라보노이드, 카테킨 등의 성분이 다량으로 함유되어 있다. 동백나무속에 속하는 모든 식물이 그러한 성분들을 똑같이 가지고 있지만 유독 차나무만 그 함량이 매우 높다. 연구자들은 차나무의 게놈에 30억 개의 염기쌍이 들어 있고 이는 커피나무보다 4배나 높은 수치라는 것을 알아냈다. 그것은 게놈의 일부 시퀀스가 마치 '복사하기-붙이기'처럼 반복되기 때문이다.

포춘은 중국을 여행하는 동안 열심히 일했다. 1848년에 인도로 처음 차를 보냈는데, 운송 도중에 차가 거의 썩고 말았다. 그래서 그는 더 좋은 운송 방법을 알아냈다. 휴대용 미니 온실이라고 할 수 있는 '워드의 상자'에 종자를 보관하는 것이었다. 3년 뒤에 포춘은 임무를 완수했다. 차나무 2만 그루가 목적지에 도착해서 인도의 산자락에 심어졌다. 게다가 나무만 도착한 것이 아니었다. 포춘은 차나무 재배와 차 제조를 잘 아는 일꾼들도 고용했다.

오늘날 차가 누리는 인기는 부정할 수 없다. 세계에서 물 다음으로 가장 많이 소비되는 음료가 바로 차이다. 맥주나 커피보다 앞선다. 사람들이 프랑스 와인보다 차를 더 많이 마신다는 사실을 인정하자. 이제 당신은 더 이상 예전처럼 차를 마시지 않을 것이다. 만약 당신의 차가 인도에서 재배된 고급 품질의 차라면 만리장성 너머 먼 나라에서 온 귀족 행세를 했던 식물학자 스파이를 떠올릴 수 있을까?

2

사략선 선장이
칠레에서 구해 온
흐벅진 열매

지금 우리가 향긋한 딸기를 즐길 수 있는 건
프레지에라는 사략선 선장이자 식물학자,
탐험가, 건축가, 스파이의 활약 덕분이다.
그는 1714년에 칠레에서 딸기나무
몇 그루를 가져와서
역사를 바꾸었다.

해안딸기

Fragaria chiloensis (L.) Mill.

세상을 바꾼 식물을 거론하지 않고 이 책을 쓴다는 것은 아예 상상할 수 없는 일이었다. 사실은 식도락가들의 세상을 바꾼 것이지만……. 이 식물이 없었다면 우리의 어린 시절을 떠올리게 하는 향기가 달라졌을 것이다. 디저트에는 가장 중요한 재료가 빠질 것이고, 우리의 삶은 무미건조해질 것이다.

그 식물은 바로 딸기다. 딸기잼, 딸기 타르트, 딸기 아이스크림이 빠진 삶을 상상해 보라! 얇게 썬 딸기 위에 칠면조의 고환을 올린 요리법도 있다고 하지만 이쯤에서 멈추자.

딸기를 모르는 사람은 없을 것이다. 술을 많이 마셔 딸기코가 되는 사람도 있지만 그건 또 다른 얘기다. 본격적으로 딸기를 들여다보기 전에 딸기의 학명은 프라가리아 *Fragaria*이

2 · 사략선 선장이 칠레에서 구해 온 흐벅진 열매

고 장미과(눈치챘겠지만 장미나무와 같은 과에 속한다)에 속한다는 것을 알아두자. 딸기는 볼록한 모양의 꽃받침, 5개로 갈라진 엽신, 측면으로 자란 암술대, 1개의 암술머리, 이실의 꽃밥, 세로 열개 등이 특징이라는 말은 하지 않겠다. 앗, 너무 어려웠나?

더 쉬운 설명을 원한다면 프랑수아 로지에François Rozier (1734~1793)가 1796년에 발표한 《식물학 기본 설명서Démonstrations élémentaires de botanique》를 읽으면 된다. 이 책에는 '딸기는 거의 모든 백성에게 이로운 식품이다.'라는 설명이 나온다. 이 어찌 기쁜 소식이 아니겠는가! 비싼 가리게트 품종의 딸기 한 팩에 눈이 멀었다면 딸기가 얼마나 몸에 좋은지 생각하고

딸기: 희한한 과일

요리사들에게 딸기는 매우 훌륭한 과일이다. 하지만 식물학에서도 그럴까? 딸기나무의 열매는 우리가 먹는 딸기 전체가 아니라 사실은 딸기 표면에 붙은 깨알 같은 수과다. 단맛이 나는 부분은 꽃의 심피가 변형된 것이 아니라 꽃턱이 변형되어 생긴 것이다. 그러니 딸기는 그 자체가 과일 샐러드인 셈이다.

욕구를 충족시켜라. 칼 폰 린네도 딸기를 많이 먹어서 통풍 재발을 막았다고 한다. 로지에는 딸기가 신장산통에도 좋다고 적었다.

사부아 출신의 스파이

토실하고 맛있는 딸기의 모험은 아메데-프랑수아 프레지에Amédée-François Frézier(1682~1773)라는 프랑스의 특출난 탐험가의 모험과 관련이 있다. 프랑스어로 딸기를 프래즈fraise라고 하는데, 이와 발음이 비슷한 프레지에Frézier가 탐험가의 이름인 것은 우연의 일치일 뿐이다.

그래도 프레지에의 이름과 딸기가 관련이 있는 것은 어느 정도는 사실이다. 그의 먼 조상인 쥘리위스 드 베리가 916년에 프랑스의 국왕 샤를 3세의 연회가 끝날 무렵 산딸기로 만든 요리를 내놓은 공으로 프래즈라는 이름을 받았기 때문이다. 프래즈는 나중에 영국으로 건너가 '프레이저Frazer'가 되었고, 그 가문의 후손이 16세기 말에 프랑스 사부아 지역에 정착하면서 다시 프레지에가 되었다.

우리의 모험가 아메데-프랑수아 프레지에는 1682년에 사부아 지역의 샹베리에서 태어났다. 그 당시에 사람들은 이미 산딸기를 먹고 있었다. 산딸기*Fragaria vesca*는 야생 딸기 또는 일반 딸기로 불렸고, 유럽과 북아메리카, 아시아의 온대 지역이 원산지이다. 산딸기 재배가 최초로 기록된 것은 14세기의 일이다. 1368년에 1만 2,000그루가 루브르궁 정원에 심어졌다. 그전까지는 숲에서 야생 딸기를 따먹었다. 딸기를 무척 좋아했던 루이 14세에게 어의는 딸기를 먹지 말라고 했다. 하지만 한다면 하는 성격이었던 루이 14세는 어의의 충고를 무시하고 걸신들린 듯 딸기를 먹었다.

16세기에는 독일과 벨기에서 야생 딸기를 대체할 수 있는 사향 딸기*Fragaria moschata*가 등장했다. 가리게트보다 모양은 예쁘지 않지만 더 크고 향도 더 짙다. 과일도 사람처럼 아름다움이 내면에 깃들어 있다는 사실을 잊지 마시라. 물론

가리게트 품종: 프랑스의 대표적인 딸기

가리게트 품종은 항상 최상품으로 간주된다. 이 품종은 프랑스 국립 농학연구소INRA가 1970년대 말에 양질의 딸기를 생산해서 에스파냐의 딸기와 경쟁하기 위해 '벨뤼비'와 '파베트' 품종을 교배해서 만들었다.

사향 딸기에만 해당하는 얘기니 이쯤에서 넘어가자. 16세기 말이 되자 자크 카르티에Jacques Cartier가 북아메리카에서 버지니아 딸기Fragaria virginiana를 들여왔다.

이렇게 해서 이야기는 우리의 탐험가 영웅 프레지에에게 이른다. 프레지에의 아버지는 지금으로 치면 검사라고 할 수 있는 왕의 대관procureur du roi이었고, 그도 아버지처럼 법조계로 진출하려 했다. 하지만 법학은 지루하기만 했고, 천문학과 지리학이 훨씬 재미있었다. 그는 이탈리아에서 건축을 공부하기도 했고, 의학이나 신학을 배워 과학자가 될까도 했다. 결국 그는 군대를 선택했고 공병 장교가 되었다. 그의 우상은 요새 설계의 천재였던 세바스티앵 르 프르스트르 드 보방 Sébastien le Prestre de Vauban이었다. 이후 프레지에는 생-말로에서 도시 확장 사업에 참여했다.

1711년에는 모험을 꿈꾸었던 그에게 행운의 여신이 미소를 지어주었다. 에스파냐의 요새화된 항구 도시들을 비밀리에 연구하기 위해 칠레로 파견되었기 때문이다. 포춘에 이어 또 한 명의 스파이라니! 프레지에도 칠레의 천연자원, 지도, 풍습 등에 관한 많은 정보를 가져오라는 임무를 받았다.

먼 바다 여행길은 순탄치 않았다. 프레지에의 선원들은 다른 배가 침몰하는 장면도 목격했다. 하룻밤 만에 배는 산산

조각이 났고 목숨을 잃은 사람도 있었다. 1712년 1월 6일, 프레지에는 마침내 생-말로에서 출항했다. 사략선들이 언제 쳐들어올지 모를 위험 속에서 그의 여행은 우여곡절이 많았다.

　몇 달 동안 다른 배들을 피해 운항 중이던 배는 출항하고 5개월 뒤인 1712년 6월 16일에 칠레의 콘셉시온에 도착했다. 자연학자로 변신한 하록 선장 같았던 프레지에는 현지 지도자와 친분을 맺었고 현지인들에게 열렬한 환영을 받았다.

칠레 딸기의 발견

　프레지에의 여행기 초반부에는 그가 얼마나 탐험과 발견에 빠져 있는지 나와 있다.

> "우리가 당연히 감탄해 마지않는 우주의 구조는 늘 내 호기심의 대상이었다. 나는 어릴 적부터 지식을 넓힐 수 있는 모든 것을 좋아했다. 나는 지구의나 천체의, 지도, 여행기들에 빠져들고는 했다."

　프레지에는 여행기에서 언제나 기력을 북돋워 주는 덩이식물을 언급한다. 그는 대자연이 이 식물을 만든 것은 잘한 일이라고 말한다.

> "콘셉시온 부근에 사는 칠레 원주민들의 양식인 '파파'는 맛
> 이 밋밋한 감자, 즉 돼지감자_taupinambour_이다."

이로써 프레지에는 '감자'라는 명칭을 최초로 사용한 사람이 되었다. 그는 돼지감자를 뜻하는 'topinambour'를 'taupinambour'라고 적었는데 아직 프랑스어 철자법이 정해지지 않은 때였으니 그의 실수를 용서하자. 하지만 그가 감자와 돼지감자를 혼동한 것은 용서가 안 된다. 감자는 감자속 _Solanum_에 속하고, 돼지감자는 해바라기속_Helianthus_에 속하는 것을 모르는 사람이 어디 있나? 있다고? 저런!

아무튼 기적의 덩이식물 이야기에서 프레지에는 친구인 앙투안 파르망티에_Antoine Parmentier_를 앞섰다. 파르망티에는 감자와 고기로 만든 그라탱 요리 아시 파르망티에로 이름이 알려지지 않았다면 프레지에보다 유명해질 수 없었을 것이다. 그랬다면 얼마나 아쉬웠을까. 사실 파르망티에는 대기근이 들었을 때 감자로 수많은 생명을 살렸다. 프레지에는 그런 평가를 받을 수 없을 것이다. 딸기는 맛있으려고 먹는 과일이니까 말이다.

이제 다시 본론으로 돌아오자. 프레지에에게 성공을 안겨다 준 식물은 딸기였다. 그가 처음 딸기를 봤을 때의 반응은 딸기가 엄청나게 크다는 것이었다. 빈약한 프랑스 딸기에 비하면 말이다. 프레지에는 칠레의 딸기가 "달걀만큼 크고 호두만큼 탐스럽다."고 했다. 그리고 "잎은 둥글고 더 두꺼우며 털이 많다."고 묘사했고, 열매는 "희멀건 붉은색이고 맛은 프랑스의 야생 딸기보다 조금 떨어진다."고 평가했다.

남아메리카에 도착한 지 2년이 지나자 그의 임무는 방해를 받았다. 1713년 위트레흐트 조약이 체결되면서 임무가 종료되는 바람에 그는 도망자 신세가 되었고, 프레지에는 그때부터 밀수업자로 취급되었다.

그는 딸기나무 몇 그루를 가지고 프랑스로 귀국했다. 뱃길은 6개월이나 걸렸다. 안타깝게도 딸기나무는 대부분 죽어버렸고 5그루가 남았을 뿐이었다. 그는 3그루를 왕의 정원을 돌보던 식물학자 앙투안 드 쥐시외Antoine de Jussieu에게 보냈고, 나머지는 브레스트의 요새 담당관과 자신이 각각 보관했다. 하지만 문제가 생겼다. 수술이 없어서 혼자서는 열매를 맺을 수 없는 딸기나무만 재배되었기 때문이다. 프레지에는 튼튼한 나무를 고른다고 골랐지만 암나무만 골라 가져온 것이다. 이를 어쩌나……

딸기의 결혼

이 이야기는 (우리의 혀에는) 비극이 될 수 있지만 아무튼 좋은 면도 있다. 새로 들여온 칠레의 딸기는 버지니아 딸기와 결혼했고 (교배되었고) 오늘날 우리가 흔히 먹는 양딸기_Fragaria ×ananassa_를 낳았다. 칠레 딸기처럼 크고 버지니아 딸기처럼 맛있는 딸기가 탄생한 것이다. 거꾸로였다면 얼마나 끔찍했을까. 콩알만 한데 맛도 없는 딸기라니! 아나나사_ananassa_라고 해서 파인애플과 교배했다고 생각하면 오산이다. 딸기의 학명은 파인애플의 가벼운 향 때문에 지어진 것이다.

양딸기는 최초의 딸기 교배종이다. 아마 가까이 심은 딸기나무들 사이에서 자연적으로 교배가 이루어진 것 같다.

양딸기의 학명을 지은 사람은 양딸기를 심고 연구하는 즐거움뿐만 아니라 맛있게 먹는 즐거움까지 누렸던 앙투안 니콜라 뒤셴_Antoine Nicolas Duchesne_(1747~1827)이다. 뒤셴이 직접 교배를 한 것이라고 주장하는 사람들도 있지만 확인이 불가능하다. 아무튼 뭣이 중한가! 이미 결과가 나와 있는 것을.

뒤셴은 겨우 열아홉 살이었던 1766년에 흥미로운 주제 덕분에 베스트셀러가 될 수도 있었을 책《딸기의 박물학_Histoire naturelle des fraisiers_》을 발표했다. 베르사유궁의 채소밭

야만적인 세상에서 위로를 줄 한 편의 시

오 딸기여! 라틴어 시인은

너를 비너스나 비너스의 주인의

가슴에서 익어가게 했을 것이다

네가 원하는 곳에 있으렴

새끼 나이팅게일들이 쉬지 않고

조잘대는 그늘에 있으렴

《야생 딸기*La fraise des bois*(1849)》중에서

피에르 뒤퐁Pierre Dupont

을 담당했던 그는 사부아의 스파이 프레지에가 가져온 딸기를 정성껏 돌보았다. 11권으로 발간된《딸기의 박물학》에도 나와 있듯이 그것은 단순히 정원사의 열정이 아니었다. 뒤셴은 베르나르 드 쥐시외의 제자인 과학사학자가 되었고,《호박의 박물학에 관한 시론*Essai sur l'histoire naturelle des courges*》을 발표했다. 또한 그는 분류 체계에 혼동이 있었던 여러 딸기의 명칭을 정리했다. 예를 들어 '초록 딸기'는 사향 딸기, 프라가리아 비리디스, 버지니아 딸기를 모두 가리킨다.

보다시피 딸기와 박과 식물의 애호가였던 뒤셴은 호미

와 괭이의 전문가이기도 했다. 그는 칼 폰 린네와 과학적인 논쟁까지 벌였다. 위대한 찰스 다윈의 선구자였던 뒤셴은 딸기의 생식을 관찰한 뒤에 종의 불변성을 의심했다. 식물에 암수의 구분이 있다는 사실은 오늘날 자명하게 받아들여지지만 뒤셴의 시대에는 그렇지 않았다. 식물의 생식기를 분류했던 린네도 식물에 암수가 존재한다는 사실은 받아들였지만 식물 생식의 메커니즘은 여전히 미스터리였다. 린네와 토론을 벌인 것은 뒤셴이 베르사유궁의 채소밭에서 소엽이 1개뿐인 딸기나무를 발견했기 때문이었다. 원래 딸기의 소엽은 3개이다. 뒤셴은 《딸기의 박물학》에 자신이 품었던 의문을 적었다.

> "그때 나는 '이것을 어떻게 봐야 할까?'라고 생각했다. 이것은 독립적인 종인가? 그러니까 새로운 종이 나온 것이다. 그렇다면 변종일 뿐일까? 그렇다면 다른 속에서는 종으로 간주한 변종들이 얼마나 많을까? 나는 오랫동안 궁지에 빠져 있었다. (…) 고정관념에서 고쳐야 할 부분이 있는 것 같았다. 그러나 여러 학자가 완전히 반대되는 개념에 동일한 용어를 사용해서 혼동이 일어났다."

뒤셴이 얼마나 적절한 생각을 했는지 말할 필요도 없다.

몇 줄 더 읽어 내려가면 린네도 소름이 돋을 정도의 혁명적
인 문장을 만날 수 있다.

> "이 말에서 종의 불변하는 고정된 특징들을 계속 변하는 작은
> 차이들과 구분해야 한다는 일반적인 결론을 끌어내야 한다.
> 어떤 종의 불변성과 어떤 종의 변이성에 관해서 말이다."

딸기는 단순한 과일이 아니다

사어를 좋아하는 친구들이여, 'ㅇㅇ'이나 'ㅇㅈ', ':-)'로 풍부해진
현대어를 모르는 불쌍한 프레지에의 시대에 쓰였던 것으로 보이는
단어를 가르쳐주마. 그 당시에는 딸기_fraise_가 다른 것을 가리키기
도 했다. 예를 들어 시계 제조공에게 프레이즈는 나사 머리가 들어
갈 구멍을 뚫는 도구였다. 또 옷을 파는 사람(18세기 여자 장사꾼)에게는
리본을 두세 겹으로 감아 만든 주름 장식깃이었다. 그런가 하면 군
대에서는 말뚝을 성벽 바깥쪽으로 둘러 박아 만든 와책을 뜻했다.
경사지 중간에 박아서 뾰족한 끝이 적을 향하게 했다. 마지막으로
식도락가에게는 송아지와 새끼 양의 내장과 그 내장으로 만든 요
리를 가리켰다.

《프랑스어 대사전Le grand vocabulaire françois》, 제11권, 1770년.

그렇다. 당신은 '변이성'이라는 말을 똑똑히 읽었다. 그렇다고 거대한 돌연변이 딸기 괴물의 공격을 상상하지는 말라. 뒤셴은 겨우 열아홉 살에 이미 선견지명이 있었다(이때가 계몽시대의 정점이었음을 상기하자). 그는 종이 반드시 불변하는 것은 아니라고 생각한 선구자였다. 창조론자들이여, 지금은 자명한 이 개념이 그렇게 최근의 것도 아니라는 걸 기억하시라.

뒤셴은 린네에게 표본을 보냈고, 린네는 이를 잎이 1개인 새로운 종으로 보고 프라가리아 모노필라*Fragaria monophylla*라고 명명했다. 위대한 자연학자였던 린네가 작은 실수를 했다는 점은 당연히 용서해야 할 것이다. 한편 그는 젊은 뒤셴을 입이 마르도록 칭찬했다.

600여 개에 이르는 교배종

남태평양에서 많은 고초를 겪었던 프레지에는 프랑스로 돌아와 루이 14세의 축하와 약소한 상여금을 받았다. 태양왕이 곧 대양을 떠돌 사람에게 상여금을 주었다는 걸 알았다면 어땠을까? 프레지에는 1719년에 산토도밍고에 엔지니어 자격으로 갔고, 그 이후에는 독일에 들렀다가 1740년에 브르타뉴 지방에 돌아와 요새 담당관이 되었다.

미래의 딸기

미래의 딸기는 많이 열릴 뿐 아니라 맛도 좋고 빛깔도 좋으며 병충해에 강할 것이다. 과학자들과 생산자들은 장점이 많은 새로운 변종을 만들기 위해 분주하게 움직이고 있다. 교배해서 나온 품종의 특성을 알아내는 테스트가 많다.

일본은 미래의 딸기에 대해서도 연구 중이다. 다름이 아니라 개에게 먹일 약을 제조하기 위해서다. 훗카이도에 있는 공장에서는 유전자를 조작한 딸기를 생산한다. 이 딸기에 개의 인터페론(단백질)을 심은 것이다. 인터페론은 세균이나 바이러스에 감염되었을 때 몸에서 만들어져 면역 체계에 관여한다. 유전자 변형 딸기는 개의 치주 질환에 효과적인 치료제이다. 약은 타르트나 푸딩 형태가 아니라 알약으로 제조될 것이다.

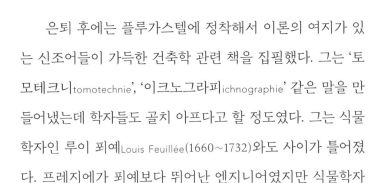

　　은퇴 후에는 플루가스텔에 정착해서 이론의 여지가 있는 신조어들이 가득한 건축학 관련 책을 집필했다. 그는 '토모테크니tomotechnie', '이크노그라피ichnographie' 같은 말을 만들어냈는데 학자들도 골치 아프다고 할 정도였다. 그는 식물학자인 루이 피예Louis Feuillée(1660~1732)와도 사이가 틀어졌다. 프레지에가 피예보다 뛰어난 엔지니어였지만 식물학자로서는 그보다 못했을 가능성이 크다. 각자 소질이 다르니까. 푀예가 프레지에를 공격한 동기는 질투심이었다. 프레지에의 여행기가 자기 책보다 더 많이 팔린다는 이유였다. 또 칠레에 처음 간 사람은 푀예 자신이었는데 딸기나무를 가지고 올 생각은 꿈에도 하지 않았기 때문이었다. 푀예는 프레지에가 조사한 경도 목록이 잘못되었다고 비난했다. 프레지에와 푀예 같은 사람들이 싸우면 말다툼이 대선 후보 토론 수준으로 걷잡을 수 없이 커진다. 푀예는 자신의 한 저서에서 프레지에에게 멋지게 한방 먹였다. 40쪽에 가까운 길고 긴 서문에서 프레지에를 신나게 두들겨 팬 것이다.

프레지에는 아흔한 살에 세상을 떠났다. 그 당시로는 장수를 누린 셈이다. 딸기는 플루가스텔의 성공 아이템이 되었고, 런던에 수출된 뒤에는 영국에서도 큰 인기를 누렸다.

탐스런 과일 딸기의 모험은 아직 끝나지 않았다. 딸기는 여전히 시장을 점령하고 있다. 딸기의 점령은 클론의 습격이라고 할 수 있다. 딸기나무의 주요 생식 방법이 기는줄기를 많이 만드는 무성 생식이기 때문에 클론이 나오는 것이다.

현재 딸기나무는 20여 종이 있고, 변종의 수는 600여 개에 이른다. 변종의 이름은 하나같이 독특하다. '시플로레트'나 '파베트'처럼 귀여운 이름도 있고, '계곡의 여왕'처럼 우아한 이름, '마에스트로'처럼 화려한 이름도 있다. 캘리포니아산인 이 딸기는 '산 안드레아스'처럼 먹는 사람이 소름끼치게 할 것이다. 옛 변종들은 '에리카르 드 튀리 자작부인'처럼 귀족 이름을 가졌다. 디저트로 적격인 이름 아닐까? "식사는 '에리카르 드 튀리 자작부인' 몇 점을 맛보는 것으로 끝내겠습니다." 얼마나 멋지게 들릴지는 듣지 않아도 알 만하다. '개량된 사계'라는 딸기도 있다. 비발디의 《사계》보다 낫지 않나! 프레지에가 발견한 칠레산 흰 딸기는 300년 뒤에 우리에게 다시 찾아왔다. 몇몇 열정에 찬 농부들이 2003년에 현대인의 입맛에 맞게 흰 딸기를 개량한 것이다. 요즘 파인베리는 사람들에게 다시 사랑받고 있다. 비싸지만 희귀하니 말이다. 빨간 딸기만 보다가 파인베리를 보고 유전자 조작을 해서 하얘진 게 아닐까 생각한 사람들은 안심하시길. 칠레의 옛 흰 딸기가 컴백한 것뿐이니까 말이다.

3

중국 모란의
로큰롤 모험

조지프 록은 괴짜 모험가이자 식물학자이다.
《내셔널 지오그래픽》에 어울릴만한
그는 중국 전문가이기도 했다.
그는 1925년에 중국의 한 절에서
예쁜 모란꽃 한 송이를 보았다.
지금 당신의 정원에도 피어있을지 모를
이 아름다운 식물은 식물학계의
셜록 홈스들을 당혹스럽게 만들었다.

록키모란

Paeonia rockii (s. g. haw & Lauener)
T. hong & J. J. Li ex D. Y. Yong

이번에는 독특하고 대담한 식물 사냥꾼과 그가 발견한 꽃의 놀라운 모험을 얘기해 보자. 이 이야기는 세계에서 가장 높은 산 밑에 있던 한 군주의 정원에서 발견된 모란의 대서사시다. 이렇게 말해놓고 나니 동화 같은 이야기가 펼쳐질 것 같지만 사실 이 이야기는 역사와 식물학이 혼합된 추리소설에 더 가깝다. 많은 관심을 불러일으켰고 식물학자들의 의견이 분분한 미스터리다.

　궁금해서 못 참겠지? 문제의 꽃은 누구나 아는 꽃이다. 정원에서 아주 흔하게 볼 수 있기 때문에 아주 먼 나라에서 온 걸 잊어버리기도 하는 그런 꽃이다. 궁금한가? 이 식물은 40여 종이 알려져 있는데, 그중 13개 종은 유럽이 원산지이고 나머지는 모두 아시아가 원산지이다. 역사가 오래된 종이라 그리스로마 신화뿐 아니라 중국과 일본의 신화에도 자주 등장한다. 록키모란은 아폴론의 어머니 레토가 들여온 것이라고 전해진다.

록키모란: 중국의 스타

시간을 거슬러 올라가 록키모란*Paeonia suffruticosa subsp. rockii*의 놀라운 모험을 따라가기 전에 이 식물에 대해 잠깐 알아보고 가자. 라틴어 학명이 너무 복잡해서 겁이 덜컥 나겠지만 프랑스의 비평가 알퐁스 카Alphonse Karr는 '식물학은 식물을 종이 사이에 끼워 말리고 그리스어와 라틴어로 식물에게 욕을 하는 기술'이라고 말했다는 걸 알아두자.

모란peony이라는 말은 그리스의 치유의 신인 파이안Παιών –Paiôn에서 파생되었다. 실제로 그리스인들은 모란을 약용 식물로 사용했다. (유명한 선서를 남긴) 히포크라테스는 여성의 생리통에 모란을 처방했다. "월경을 하게 하고 규칙적으로 만들어 주는 약. 모란의 검거나 붉은 씨 3~4알을 복용한다. 와인에 넣고 빻아서 마시게 한다."

1833년에 출간된 《의약 물질과 일반 치료에 관한 백과 사전*Dictionnaire universel de matière médicale et de thérapeutique générale*》도 옛 의사들의 처방을 상기시켰다.

> "모란만큼 오래전부터 알려진 식물은 없다. 그리스 의학의 아버지들인 테오프라스토스, 히포크라테스, 디오스코리데스, 로마의 대플리니우스가 모란에 대해 언급하고 사용 가능한 유일한 부분인 모란의 뿌리를 캘 때 취해야 하는 세심한 주의사항을 소개했다. 그 주의사항이 얼마나 미신적이고 기상천외한지 여기서 언급하기조차 부끄러울 지경이다. 그들은 모란을 신의 식물, 달의 발현이라고 불렀고 악령을 물리치며 폭풍우를 몰아내고 풍년을 이룰 수 있게 해준다고 믿었다. 또 어둠 속에서 밝게 빛난다고 장담했다."

모란은 3,000년 전부터 중국에서 인기 스타이다. 중국인들은 모란을 가장 아름답다는 뜻인 '소요'라고 부르고 꽃의 여왕으로 칭송한다. 수양제(605~618)는 모란을 보호하도록 했다. 그 가격은 터무니없이 비싸서 1개에 황금 100온스(3킬로그램)에 달했다. 1086년에 중국의 정원사들은 모란을 관상용으로 보기 시작했다. 1596년에 중국의 재배자들이 작성한 모란의 변종 목록은 이미 30여 가지나 되었다. 현재는 40여

작약의 분류

작약의 분류는 매우 복잡해서 논쟁을 불러일으키곤 한다. 일반적으로 2개의 분류 체계가 받아들여지고 있다. 체코의 식물학자 요세프 할다Joseph Halda는 작약속에 속하는 25개의 야생종을 다시 3개의 아속으로 나눴다(2004년).

- 모란: 록키모란을 비롯해서 교목인 모란(약 8종)을 포함한다.
- 오나에피아: 파이오니아 칼리포르니카P. californica 와 파이오니아 브로브니이P. brownii 등 북아메리카의 2종을 포함한다.
- 파이오니아: 초본 식물에 해당하는 22종을 포함한다.

한편 중국의 식물학자 홍더위안Hong Deyuan과 그의 동료들은 기존의 분류 체계를 수정하여 작약을 두 그룹으로 분류한다(1993년, 1998년, 2003년).

- 교목인 작약 8종
- 초본 식물인 작약 32종

종의 모란이 있는데, 풀로 구분된 것이 있고 교목으로 구분된 것이 있다.

가짜 학위를 가진 천재 식물학 박사

지금부터는 놀라운 이야기의 주인공인 모란에 대해 알

아보자. 이 이야기는 조지프 록Joseph Rock(1884~1962)이라는 다채롭고, 약간 로큰롤 가수 같은 모험가와 관련이 있다. 지식이 해박했던 록은 매우 뛰어난 경력의 소유자였다. 그는 식물학자에 탐험가였고, 동시에 지리학자, 사진가, 언어학자이기도 했다. 어디 그뿐인가! 그의 식물학 학위는 가짜였다. 하지만 쉿! 아무에게도 발설하지 말 것! 이제 다시 처음으로 돌아가자.

조지프 록은 원래 오스트리아 빈에서 태어난 요제프-프란츠 로크였다. 나중에 미국에 이민을 가면서 이름도 영어식으로 바꾼 것이다. 그의 아버지는 건물 관리인이었는데 그가 관리한 건물 주인은 대단한 사람이었다. 엄청난 갑부였던 폴란드의 귀족 포토키 백작이었으니 말이다. 어렸지만 이미 똑똑하고 꾀가 많았던 록은 어느 날 백작의 서재에 몰래 들어가 중국어 학습책을 훔쳤다. 요즘 아이들은 휴대전화를 들여다보느라 시간을 보내지만 록은 밤마다 몰래 어려운 중국어를 공부했다(청소년 자녀가 있다면 한번 시도해 보시길). 록의 공부는 시간 때우기용이 아니었다. 그가 성인이 되자마자 중국어 학습책을 펴냈기 때문이다. 중국어를 배우는 게 누워서 떡 먹기였던 청년 록은 헝가리어, 아랍어(포토키 삼촌과 이집트에 여행 갔을 때 한 달 만에 배웠다), 히브리어, 라틴어, 그리스어까지

섭렵했다. 그러니 그가 유명한 언어학자가 된 건 놀랄 일도 아니다. 록의 아버지는 아들이 성직자가 되길 바랐지만 록은 다른 야망을 품고 있었다. 그는 항상 종교 말고 다른 것에 더 관심이 많았다. 그리고 몇 번 가출을 하더니만 아예 집으로 다시 돌아가지 않았다. 그는 유럽을 여행한 다음에는 뉴욕으로 향하는 배에 올랐다. 미국에서는 텍사스주와 캘리포니아주에 머물다가 다시 하와이로 향했다. 하와이에 있는 동안 그가 우쿨렐레를 연주하거나 하와이안 셔츠를 입고 산책이나 했을 것이라고 생각하지 말라. 록은 미친 듯이 일해서 하와이 대학교 식물학과에 교수로 채용되었다. 그는 식물학을 전공

조지프 록이 인도대풍자를 발견한 이후 1922년에 아삼주에서 찍은 미슈미족의 사진

하지 않았기 때문에 아무에게도 추천하고 싶지 않은 방법을 썼다. 바로 가짜 학위를 만든 것이다. 록은 식물학에 열정이 생겨 하와이 식물의 가장 뛰어난 전문가가 되었다. 하와이에서 보낸 13년 동안 그는 2만 9,000개의 식물 표본을 채집했다. 인정해 줄 업적인 것만은 분명하다. 그는 하와이 식물에 관한 29편의 논문과 2권의 중요한 저작을 출간했고, '하와이 식물학의 아버지'라는 별명을 얻었다.

　그는 새로운 모험을 찾아 하와이를 떠났다. 그리고 나병에 효험이 있다는 특별한 나무인 인도대풍자를 찾아 태국과 미얀마로 갔다. 그러면서 《내셔널 지오그래픽》에 자신의 나무 '사냥'에 대한 글을 기고했다. 1921년에는 중국으로 떠나면서 중국과의 위대한 사랑 이야기가 시작되었다. 록은 아름다운 산악 지방인 윈난성에 정착했다. 그는 위험에 끌리는 성향이었다. 그때 윈난성은 도적들이 도처에 출몰하는 지역이었기 때문이다. 게다가 중국인들은 외국인을 그리 좋아하지 않았다. 록은 중국에 저항하던 귀줘족의 영토에도 들어갔다. 그는 여행 중에 (중국 고위 관료의 옷을 입은) 귀부인을 만났는데, 그녀는 다름 아닌 전직 여가수 알렉상드라 다비드-네엘이었다. 두 사람은 급속히 친해졌고 평생 편지로 소식을 주고받았다.

티베트에 간 최초의 유럽 여성

알렉상드라 다비드-네엘Alexandra David-Néel(1868~1969)은 여행가이자 동양학자, 작가로 활동한 페미니스트이자 무정부주의자였다. 그녀는 티베트에 몰래 입국해서 관료나 승려로 변장하고 라사에 머물렀던 최초의 유럽 여성이다. 그녀는 1923년 윈난성의 리장시에서 록을 처음 만났고, 츠중에 있는 사원에서 재회했다. 그녀는 남편에게 보내는 편지에 이렇게 썼다. "그가 오는 바람에 제 출발이 늦어졌어요. 그 사람이 함께 여행가자는 황당한 제안을 할까 봐 그 사람보다 먼저 떠나고 싶지 않았거든요."

록은 산에 가서 식물을 채집했고 진달래 같은 새로운 식물들을 많이 발견했다. 오지도 마다하지 않을 정도로 세상 구석구석을 돌아다니고 싶은 마음이 있었기에 가능한 일이었다. 사실 어느 정도 편안하게 돌아다니기도 했지만 말이다. 그는 케추아족의 등에 메는 가방과 던지면 저절로 펴져서 설치되는 텐트를 그다지 탐탁지 않아 했다. 그는 특이한 물건들로 가방을 채웠다. 축음기와 오페라 음반, 고급 와인(중국산이 아니라 보르도산이었다), 시가, 책(500권이나 되었다고 하니 도서관 하나를 옮겼다고 보면 된다), 성능 좋은 캠핑 장비, 심지어 고무로

만든 욕조까지 가지고 다녔다. 그
것도 모자라 개인 요리사까지 대
동했다. 요리사는 오스트리아 전
통 요리를 도자기 접시에 담아내
었다. 록은 품위도 있었지만 만반
의 준비도 할 줄 알았다.

조지프 록

　대단한 록! 그는 멋쟁이 모험
가였다. 평생 세상을 돌아다닌 그의 입장에 한번 서 보자. 그
는 한 번도 집다운 집에서 사는 사치를 누리지 못했다.

　그 많은 짐을 싣고 다녔으니 록이 알렉상드라 다비드-네
엘처럼 혼자서 남의 눈에 띄지 않게 여행했을 리 만무하다.
그는 노새, 야크, 말, 낙타, 짐꾼, 무장한 군인 등 대상 못지않
은 팀을 꾸렸다. 물론 만일의 사태에 대비해서 총과 총알도
가지고 다녔다. 그러니 중국인들의 눈에 안 띌 수가 있을까!
언제 어디서 도둑들이 나타날지 모르니 항상 준비되어 있어
야 했다. 하지만 록은 겁이 없는 사람이었다. 그는 복싱 챔피
언 록키처럼 보통 사람이 아니었다. 엄청나게 똑똑하고 모험
을 즐길 뿐만 아니라 엉뚱하고 몽상가적 기질이 다분하면서
도 꾀가 많았다. 하지만 그렇다고 해서 그가 고무 욕조에서
절벅거리며 모차르트나 들었다고 생각하지는 마시길. 그는

로버트 포춘의 작약

우리의 식물학자 스파이 로버트 포춘이 재등장했다. 포춘은 차 말고도 24종에 이르는 아름다운 작약을 중국에서 가져왔다. 1851년에서 1852년 사이에 출간된 《유럽의 온실과 정원의 식물》에서 포춘은 중국인들이 모란을 어떻게 재배하는지 기술했다. "모란만 재배하는 곳은 많지만 규모가 매우 작다. 우리로 치면 작은 시골집의 정원 정도일 것이다. 정원을 가꾸는 것도 비슷해서 가족 모두가 돌본다. 여자들도 남자 못지않게 일한다. 중국 여자들은 매우 인색하고 돈을 무척 좋아한다." 포춘은 분명 페미니스트는 아니었다.

여행에서 돌아오면서 10만 점의 식물 표본과 수천 종의 식물 종자, 그리고 사진들을 가져왔다. 그는 중국의 오지를 탐험했고, 소수민족인 나시족 최초의 사전을 편찬했다. 《내셔널 지오그래픽》의 기자였고 하버드 대학교 아놀드 수목원의 사진작가 겸 탐험가로 활동했다. 1924년 보스턴으로 돌아온 그는 아놀드 수목원 원장인 사전트 교수와 협상을 해서 다시 3년 동안 여행에 나섰다. 티베트의 아니마칭산을 탐험하는 데 필요한 경비를 두둑히 받았던 것이다. 그는 그보다 2년 전에 알렉상드라 다비드-네엘의 또 다른 친구인 페레이라 장군을 만

물고기를 살리는 작약

작약은 항상 많은 연구의 대상이었다. 우선 유전학 연구가 활발했다. 다양한 야생종과 재배종 사이의 혈연관계를 밝히는 일은 꽤 힘들다. 생화학 분야도 마찬가지다. 중국 과학자들은 최근(2016년)에 교목인 작약의 종자에 인간의 건강에 필수적인 필수지방산이 함유되어 있다는 사실에 관심을 가졌다. 이 종자에 든 오메가3와 오메가6의 비율이 완벽한 것으로 알려졌다. 또 록키모란을 비롯한 대부분의 작약은 α-리놀렌산 함량이 높다. α-리놀렌산은 주로 물고기에 많은 성분이다. 그렇다면 작약이 물고기의 남획을 막는 데 도움이 될까?

났다. 그녀는 페레이라 장군을 '매력적인 미국의 상류층이며 지리학자이자 박학다식하고 지칠 줄 모르는 여행가'로 묘사했다. 록에게 아니마칭산에 대해 말한 사람이 바로 페레이라였다. 이야기를 들은 록에게는 그곳에 꼭 가겠다는 한 가지 생각밖에 없었다.

록은 여행 중에 왕, 왕자, 도둑 등 많은 사람들을 만났고 현지 주민들과 우정을 쌓았다. 현지인들은 그에게 '루오 보시 Luo Boshi'라는 이름까지 지어주었다. 그가 여행하면서 글을 적은 수첩에는 고도나 나침반 기록 등 유용한 정보가 가득해서 미국 중앙정보국CIA도 그의 수첩을 노렸다고 한다. 대단한 인간이었던 록은 내가 가장 좋아하는 식물학자이기도 하다. 내가 만약 여고생으로 돌아간다면 록밴드 포스터를 치워버리고 그의 포스터를 내 방에 붙여놨을 것이다.

록이《정글의 법칙》이나《어메이징 레이스》의 출연진보다는 훨씬 더 흥미롭지 않은가. 그는 박학다식한 학자였고, 실존하는 인디아나 존스였으며 발견자였다. 우선 그는 매우 귀중한 불교의 서책들을 보존했다. 또 모란을 구했다. 간쑤성을 여행하는 동안에는 티베트 서쪽에 있는 외딴 라마교 사원에서 지냈다. 이곳은 주변을 탐험하기에 최적화된 베이스캠프였다. 때는 1925년. 록은 그곳에서 쥐니의 군주, 위대한 라마와 친해졌다. 이 군주는 겉으로는 친절해 보였지만 자신이 지나갈 때 빨리 절을 하지 않는 백성들의 귀를 쉽게 자르고도 남을 사람이었다. 다행히 그는 록을 보호했고, 록은 2년 동안 쥐니에 머물렀다. 이곳은 그의 식물 채집에 있어 매우 훌륭한 출발점이었다. 록은 그가 겪은 모험을《내셔널 지오그래픽》에 게재했는데, 그 글 중에는 악취를 풍기는 700명의 승려들에게 둘러싸인 적이 있다는 (불교를 논할 때 거론되는 일이 거의 없는) 이야기도 있다.

록은 티베트의 경전 《칸규르》와 《탄규르》 317권을 사들이기도 했다. 그는 이 고문서들을 워싱턴의 국회의사당 도서관에 보내서 진귀한 티베트 컬렉션에 보탬이 되게 했다. 운송은 대대적이었다. 96개의 상자에 나눠 넣은 책들을 운반하는 노새 행렬이 길게 이어졌다. 18일 후 짐은 산시성의 수도인 시안에 도착했다. 그러나 짐은 곧바로 부쳐지지 않고 6개월 동안 우체국에 머물렀다. 파업 때문이 아니라 (이곳은 프랑스가 아니다) 도시에서 소요와 전투가 빈번했기 때문이다. 운송을 담당한 자는 죽임을 당했고, 경전은 도둑맞았다. 다행히 도둑들은 티베트 고문서의 가치를 몰라봤다. 죽은 사람은 안 됐지만……. 록은 자신이 보물을 구했다는 걸 알았을까? 몇 년 뒤에 라마교 사원은 불교 신자와 이슬람 교도 사이의 분쟁 때문에 화염 속으로 사라지고 말았다. 록은 참혹한 광경들을 목격하기도 했다. 라브랑 사원에 참수당한 티베트인들의 얼굴을 걸어놓았던 것이다.

야생종인가 교배종인가? 그것이 문제로다!

식물학과 관련된 이야기로 돌아가 보자. 해발 2,788미터에 위치한 사원에서 록은 꽃잎의 중심이 보랏빛이고 나머지는 흰, 아름다운 모란을 발견했다. 그는 씨앗을 채집했다. 그리고 이때부터 일이 꼬이기 시작했다. 그의 행동을 두고 누가 시작했는지 모르는 큰 논쟁이 벌어진 것이다.

록은 1938년에 프레더릭 스턴Frederick Stern(1946년에 작약 속에 관한 책을 출간한 뛰어난 전문가)에게 편지를 보내서 자신이 군주의 관저 마당에서 씨앗을 채집했다고 알렸다. 이 식물은 훗날 록키모란이라고 명명된다. 하지만 쥐니의 군주가 씨앗을 작은 주머니에 직접 담아 록에게 주었다고 주장하는 학자들도 있어서 분명한 사실은 알 수 없다. 아놀드 수목원에서도 표본이 등록되었다는 기록은 남아 있지 않다. 왜 그럴까? 아마도 사전트 교수가 그 씨앗을 과학적 가치가 없는 변종이라고 생각했기 때문일 것이다. 따라서 왕궁 정원에 심었다는 식물이 새로운 야생종이었는지 아니면 교배종인 모란의 변종이었는지 알아내는 것이 중요하다.

모란의 수수께끼에 관한 몇 가지 단서

첫 번째 단서로는 스턴에게 편지와 함께 보냈던 사진이 있다. 1925년 5월 18일에 왕궁의 정원을 찍은 흑백 사진이다. 그러나 사진이 선명하지 않아 문제다. 최신 아이폰이나 디지털카메라로 찍은 게 아니니 말이다. 그래도 사진에는 록키모란과 매우 흡사한 교목 형태의 모란이 보인다. 아무튼 스턴에게 보낸 편지에서 록은 야생종을 보낸다고 분명히 적었다. 정확한 위치는 몰라도 간쑤성에서 자생하는 모란이라고 라마교 신자들에게 설명을 들었다는 것이다. 이 모란이 록키모란이라는 학명으로 불린 것은 1990년의 일이다. 학명을 정한 식물학자는 스티븐 조지 호Stephen George Haw와 뤼시앵 앙드레 로에네Lucien André Lauener였다. 록키모란은 모란의 아종이기 때문에 두 식물학자는 록키모란을 야생종으로 보았다. 그들과 생각이 다른 식물학자들은 록키모란을 교배종으로 보기도 한다. 중국인들은 수백 년 전부터 작약을 교배시켰기 때문에 그리 놀랄 일도 아니다.

그렇다면 록은 씨앗을 직접 채집한 것일까? 처음에는 다들 그렇게 생각했지만 표본의 생성 날짜는 1925년 10월이고 록은 그해 8월 13일에서 12월 3일까지 몇 달 동안이나 현지

탐사를 떠나 있었다. 따라서 그가 직접 씨앗을 채집하는 것은 불가능했다. 나시족 친구들이 그를 위해 씨앗을 채집했다는 사실도 알려져 있다.

록(또는 그의 친구들)이 채집한 씨앗들은 영국, 독일, 스웨덴, 캐나다의 수목원에도 보내졌다. 하지만 씨앗의 정확한 출처에 대해서는 역시 증거가 부족하다. 증거를 찾아내려면 식물학의 셜록 홈스라도 필요할 판이다.

씨앗에 관한 비밀은 록의 생애에 관한 비밀만큼 전설이 되었다. 진실과 거짓을 구별할 수 없을 정도이다. 아무튼 록

안티 에이징에 좋은 작약

적작약*Paeonia lactiflora*의 의학적 효능은 과학자들의 흥미를 샀다. 적작약은 중국과 한국에서 '승마갈근탕'이라고 부르는 탕약 제조에 오래전부터 사용되었다. 사용되는 부분은 뿌리이고 이 뿌리만을 따로 '백작약*Paeoniae Radix*'이라고 부른다. 승마갈근탕은 콜라겐을 분해하는 효소인 MMP-1 Matrix Metalloproteinase-I의 생성을 크게 저하시키고 프로콜라겐(피부 탄력을 유지시키는 콜라겐의 전구물질) 합성을 촉진한다는 연구들이 최근 발표되었다. 아, 꽃의 힘이란!

키모란은 실존하고 대부분의 과학자들은 록키모란을 모란의 아종으로 분류한다. 모란은 다시 교목 형태의 작약속에 속하니 정말 복잡한 가족 관계가 아닐 수 없다.

소설과 영화 속 주인공

록의 남은 일생은 아주 파란만장했다. 그는 과장하는 걸 좋아하는 장난꾸러기 같은 면이 있어서 자신을 실종자로 만들기도 했고 아니마칭산이 에베레스트산보다 높다며 고도를 속이기도 했다. 아니마칭산은 '고작' 6,282미터에 불과하고 에베레스트산은 8,848미터나 되는데 말이다.

성격 장애도 있어서 많은 사람과 관계가 틀어지기도 했다. 조증과 울증이 반복되었고 그때마다 예측할 수 없는 사건들이 터졌다. 1941년에는 하와이로 돌아갈 비행기를 놓치고 격분했는데, 그 비행기를 놓치는 바람에 일본의 진주만 공격을 피할 수 있었다. 1949년에 마오쩌둥이 정권을 잡자 그는 중국을 떠났다.

록은 1962년에 하와이에서 생을 마감했다. 그의 기상천외한 삶을 소설로 엮어도 될 듯하다. 실제로 그런 시도를 한 작가가 있었으니, 프랑스의 소설가 이렌 프랭Irène Frain은 록의 자서전에서 영감을 받아 소설《여자들의 왕국에서*Au Royaume des femmes*》를 썼다. 록은 록키모란에 자신의 이름을 남겼을 뿐만 아니라 제임스 힐턴James Hilton이 쓰고 1937년 프랭크 카프라Franck Capra 감독이 스크린에 옮긴《잃어버린 지평선*Lost Horizon*》의 주인공 콘웨이의 모델이 되기도 했다. 록이《내셔널 지오그래픽》에 기고했던 글에서 영감을 받은

식물학의 또 다른 제임스 본드

피터 스미더스Peter Smithers(1913~2006)를 거론하지 않고 작약에 대해서 논하기란 어렵다. 스미더스는 교목 형태의 작약에 열정을 가지고 있었던 것으로 유명했던 식물 교배 전문가였고 스파이이기도 했다. 유명한 원예가였던 그는 외교관이자 정치가로 활동했다. 이안 플레밍Ian Fleming이 그에게서 영감을 받아 제임스 본드라는 인물을 만들어낸 것으로 알려져 있다. 실제로 두 사람은 제2차 세계대전 당시 파리에서 만난 적이 있다. 플레밍이 스미더스를 해군 특수부대의 첩보 담당관으로 고용하고 만년필 모양의 총까지 줬다고한다. 플레밍은 무엇보다도 스미더스의 아내가 황금 타자기를 가지고 있는 걸 보았고, 이를《골드 핑거*Goldfinger*》에서 소재로 쓰기도 했다. 이 소설에는 희한하게도 스미더스라는 이름의 인물이 등장한다.

제임스 힐턴은 인간이 영생하는 천국 같은 땅 샹그릴라를 《잃어버린 지평선》의 배경으로 썼다. 하지만 록이 아직도 살아서 엘비스 프레슬리와 숨어서 살고 있다고 주장하는 건 좀…….

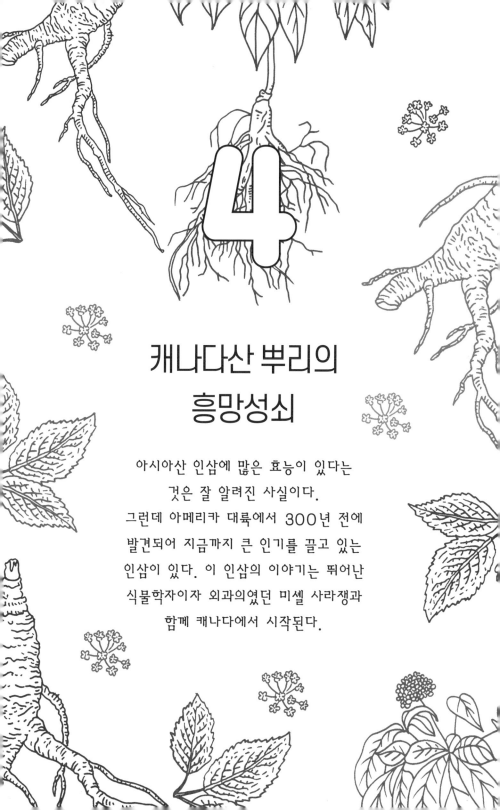

4

캐나다산 뿌리의
흥망성쇠

아시아산 인삼에 많은 효능이 있다는
것은 잘 알려진 사실이다.
그런데 아메리카 대륙에서 300년 전에
발견되어 지금까지 큰 인기를 끌고 있는
인삼이 있다. 이 인삼의 이야기는 뛰어난
식물학자이자 외과의였던 미셸 사라쟁과
함께 캐나다에서 시작된다.

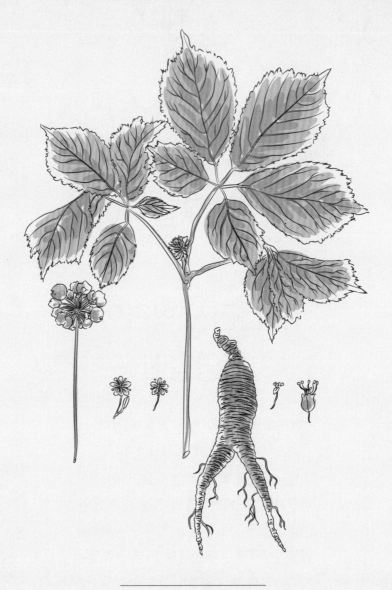

화기삼

Panax quinquefolius L.

이 식물은 탁월한 최음제로 악명이 높다. 중국인들은 이 식물을 없어서 못 먹을 정도로 좋아하고 중국인들만 그런 것도 아니다. 이 식물을 중국의 한의학과 연관 짓는 사람이 많지만 캐나다에서도 이 식물을 찾아볼 수 있으며 이 캐나다산 식물의 역사가 반전의 연속이라는 사실을 아는 사람은 드물다. 이번 꼭지의 주인공은 바로 인삼이다. 인삼이 혼자서 모험을 할 수는 없는 노릇이니, 인삼과 관련된 독특한 인물들을 만나보자. 그들은 비버와 식충 식물을 좋아했던 외과의사와 용맹한 예수회 수도사들이다. 외과의는 퀘벡을 여행했고, 수도사들은 중국을 돌아다녔다.

　모든 것은 아메리카 대륙에서 시작되었다. 그때는 로베르

샤를부아Robert Charlebois가 《몬트리올에 돌아오겠어요Je reviendrai à Montréal》를 발표하던 때도 아니었고 셀린 디옹이 노래하던 시절도 아니다. 그때 그곳은 퀘벡이 아니라 누벨-프랑스로 불렸다. 어쩌면 그때도 이미 프랑스어와 거리가 먼 퀘벡어를 들을 수 있었을지도 모른다.

17세기 말 캐나다는 프랑스 식민지였고 겨우 1만 5,000명만 살고 있는 먼 야생의 땅이었다. 식민지 주민 중 우리의 주인공 식물학자는 바로 미셸 사라쟁이다. 인삼의 한 종을 발견하기 전에도 과학자였던 그의 삶은 매우 흥미로웠다.

누벨-프랑스로 떠난 이발사 외과의

미셸 사라쟁Michel Sarrazin(1659~1734)은 1659년 9월 5일에 프랑스의 부르고뉴 지방에서 태어났다. 좀 더 정확히 말하면 뉘-수-본이라는 아름다운 마을에서 태어났고 이 마을의 이름은 현재 뉘-생-조르주로 바뀌었다. 하지만 사라쟁은 고향에서 생산되는 맛 좋은 와인을 누리지 못했다. 1685년에 해군의 군의관으로 근무하기 위해 신대륙으로 떠났기 때문이다. 그는 라 딜리장트호를 타고 가면서 누벨-프랑스의 총독인 드농빌 후작marquis de Denonville의 딸과 사귀게 되었다.

피에르 미냐르가 그린 사라쟁의 초상화
(이 인물이 동명이인인 미셸 사라쟁이라
는 주장도 있다)

하지만 로맨스는 오래가지 못했다. 젊은 연인들은 출신 계층이 달랐고, 여자의 어머니가 그를 달가워하지 않았기 때문이다. 안타깝게도 이 짧은 연애사에 더 이상 재미있는 얘기는 할 수 없겠다.

식민지에서 의학은 매우 중요한 가치가 있었고 종교 단체가 병원을 운영했다. 사라쟁은 이곳에서 로스 박사(미국 드라마 《ER》에서 조지 클루니가 맡았던 역할)나 마찬가지였다. 군인과 장교들의 상처에 붕대를 감아주면서 그는 좋은 평판을 쌓았다.

그 당시에는 의학과 외과학은 완전히 별개의 분야였다. 외과의는 '천한 직업'이었고 의사는 '학자'로 대우받았다. 또 외과의는 이발사와 관련이 있었다. 이발사가 머리를 자르거나 면도를 해주기도 했지만 사혈 치료도 해주었기 때문이다. 사라쟁은 동료들 중에서도 단연 눈에 띄었다. 그 당시 의료계에는 가짜 박사들, 돌팔이들, 온갖 종류의 접골사들이 많았다. 드농빌 후작은 사라쟁의 재능을 금방 알아보고 그를 군의관으로 공식 임명했다. 후작은 사라쟁을 데리고 이로쿼이 연맹을 무찌르러 전쟁터로 향했다. 식민지 주민들에게 적대적이었던, 그 이름도 희한한 오논도와가족과 싸우기 위해서였다. 사라쟁이 치료해준 사람 중에는 1690년 퀘벡 전투에서 살아남은 사람들도 있었지만 결투를 하다가 다친 장교나 민간인들도 있었다.

해리 포터식 레시피

사라쟁은 단순한 '이발사 외과의' 이상이었다. 그는 《1693년 캐나다로 보낼 군대에 필요한 의약품 논문*Mémoire des médicaments nécessaires pour les troupes du Roy en Canada àenvoyer en 1693*》이라는 중요한 문서를 작성했다. 이 논문에는 당시 의사들이 사용했던 식물과 성분들의 목록이 나와 있다. 예를 들어 도토리 즙, 약대황, 꿀, 아니스, 양귀비 시럽, 향쑥 기름, 매스틱, 페루 발삼, 쥐방울덩굴, 유향나무 껍질, 아편정기, 광물

결정, 기린혈, 프렌치로즈 액, 석류 시럽, 전동싸리 고약, 베니스 테레빈, 갤리폿, 생유황 등을 비롯해서 《해리 포터와 마법사의 돌》에나 나올 법한 이름의 약들을 찾아볼 수 있다.

첫 번째 캐나다 체류 시절 사라쟁은 왕궁에 소속된 수리학자이자 지도 제작자였던 장-바티스트 프랑클랭Jean-Baptiste Franquelin과 친구가 되었다. 프랑클랭은 프랑스령 아메리카 대륙을 거의 혼자 누비다시피 하며 지도를 제작했던 위대한 과학자였다. 사라쟁은 이 당시에 수도사가 될까 망설였다가 금세 이 엉뚱한 생각을 버리고 1694년에 프랑스로 돌아갔다. 공부가 부족하다는 것을 깨달은 그는 3년 동안 의학 공부를 하는데, 그 시기는 의학 역사상 가장 중요한 때인 18세기 초였고 의학은 큰 발전을 거두고 있었다. 예를 들어 피가 혈관 속에서 돌고 있다는 믿지 못할 발견을 한 참이었다. 사라쟁은 희극 《상상병 환자Malade imaginaire》를 관람하고 그 당시에 유행하던 치료법인 장 세척, 사혈, 해독을 풍자한 몰리에르를 높이 평가했다.

사라쟁은 소르본 대학에서 공부를 하고 싶었지만 우스꽝스러운 가발을 쓰고 보라색 가운을 입은 채 잘난 척하며 스스로를 '필라트르'*라고 부르고 라틴어만 고집하는 학생들

* 필라트르(philatre)는 취미로 의술을 행하는 사람을 가리킨다—옮긴이.

4 · 캐나다산 뿌리의 흥망성쇠

을 보고 기겁했다. 그래서 어의이자 식물학자인 기 파공Guy
Fagon(1638~1718) 밑에서 공부하기로 결정했다. 또 그는 17세
기의 가장 위대한 식물학자인 조제프 피통 드 투른포르Joseph
Pitton de Tournefort(1656~1708)와 운명적인 만남을 가졌다. 꽃부
리와 열매의 특성을 보고 식물을 분류한 드 투른포르의 방식
은 그 당시 획기적으로 평가되었다. 사라쟁은 그의 곁에서 식
물을 공부하기 시작했고 1697년에 렝스에서 학위를 받았다.

누벨-프랑스의 지방관인 장 보샤르 드 샹피니Jean Bochart
de Champigny의 거듭된 부탁을 이기지 못한 사라쟁은 1697년
에 라 지롱드호에 몸을 싣고 누벨-프랑스로 향했다. 사실 샹
피니가 오래 매달릴 필요도 없었다. 누벨-프랑스에 대한 사
라쟁의 애정이 무척 컸기 때문이다. 어의라는 높은 직함을 단
사라쟁은 서둘러 재능을 펼쳤다. 라 지롱드호에서 이미 전염
병인 티푸스가 창궐한 것이다. 뉴펀들랜드섬에 기항했을 때
그는 약초들을 채집하기 시작했다. 퀘벡에 도착해서는 독감,
홍역, 황열 등 많은 전염병을 치료했다. 그런데 수많은 바이
러스를 정복한 그가 식물학과 동물학이라는 바이러스에 걸
리고 말았다. 그리고 1666년에 설립된 파리 왕립과학원의 통
신 회원으로 임명되었다. 당시 루이 14세가 과학을 중시했기
때문에 과학원에는 유명한 인물이 많았다. 그렇게 해서 사라

쟁은 아이작 뉴턴, 베르나르 르 부예 드 퐁트넬Bernard Le Bouyer de Fontenelle, 특히 동물학의 대가였던 르네 앙투안 페르쇼 드 레오뮈르René Antoine Ferchault de Réaumur와 식물학의 대가들 이었던 조제프 피통 드 투른포르와 세바스티엥 바양Sébastien Vaillant과 교류할 수 있었다. 그 당시 과학원 회원들은 요즘 말로 하면 드림팀이었다.

식충 식물을 발견하다

사라쟁은 의사로 활동하면서 재능 있는 (그러나 겁이 없지 않았던) 자연학자가 되었다. 그는 한 편지에 이렇게 썼다.

> "캐나다에서 식물을 채집하는 방법은 프랑스와 다릅니다. 나는 유럽 전역을 캐나다보다 더 편하고 더 안전하게 다녔습니다. 캐나다는 조금만 다녀도 유럽보다 위험합니다."

과장이 좀 심했던 게 아닐까? 휴양지로 놀러간 것도 아니고 말이다. 기아나의 정글이나 말 한 마디 알아듣지 못할 중국의 오지로 보내서 식물 채집을 해오라고 했으면 캐나다의 상황에 대해 불평이 덜했을까? 퀘벡의 벌레들이 달려들어무는 게 그렇게 무서웠을까?

　습지에서 식물 채집을 하던 사라쟁은 어느 날 이상하게 생긴 낯선 식물과 마주쳤다. 원뿔 모양의 보라색 잎이 난 이 식물의 안쪽 표면에는 털이 잔뜩 나 있었다. 그리고 중앙에는 썩은 물이 고여 있었고 그 위에 죽은 벌레들이 둥둥 떠 있었다. 꽃은 예쁜 빨간색과 초록색을 띠었고 우산을 뒤집어 놓은 모양이었다. 사라쟁은 아름다운 꽃과 희한한 모양의 잎을 가진 식물에 반해버렸다. 그는 이 식물이 곤충에게 덫을 놓아 산 채로 잡아먹는 식물이라는 것을 확신했고, 이 신비스러운 식물을 채집해서 프랑스로 보냈다. 이 식물은 어른 아이 할 것 없이 오랫동안 사람들의 호기심을 자극하고 있는 식충 식물에 속한다.

　친구인 투른포르는 이 식물의 학명을 사라세니아 푸르푸레아Sarracenia purpurea로 지어서 사라쟁에게 경의를 표했다. 여기서 잠깐 여담을 하자면, 이때가 1698년이었고, 200년 가까이 지나야 다윈이 나타나서 식물이 곤충을 소화할 능력이 있음을 증명해 보인다. 따라서 똑똑한 사라쟁이 그런 생각을 하지 못했다고 해도 놀랄 일은 아니다. 하지만 그는 자신이 발견한 식물의 잎을 '입'에 비유했고 '입술'이나 '칠면조의 턱수염'이라는 표현을 썼다. (흠…… 칠면조의 턱수염을 본 적이 있

미셸 사라쟁이 발견한 사라세니아 푸르푸레아[*]

는지?) 사실 원주민들은 이 식물을 알고 있었고 '두꺼비풀'이
나 '돼지귀'로 불렀다.

　식물학자로서 활동을 이어가던 사라쟁은 캐나다의 식물
목록을 작성하는 데 20년을 보냈으며 프랑스에 있는 동료들
에게 표본과 보고서, 논문을 정기적으로 보냈다. 또 캐나다에
서 해당 식물을 어떤 약재로 쓰는지 설명도 덧붙일 때가 많
았다. 예를 들어 앙겔리카 카나덴시스*Angelica canadensis*(지금의
키쿠타 마쿨라타*Cicuta maculata*)가 "독당근보다 치명적이어서 먹

---

[*] 출처: 케르너 폰 마릴라운(Kerner von Marilaun), A. J. 한젠(A. J. Hansen), A. 플란첸을레벤
(A. Pflanzenleben): 에르슈터 반트(Erster Band): 《식물의 구성 및 특성(Der Bau und die
Eigenschaften der Pflanzen)》 제1권.

으면 경련을 일으키며 쓰러져서 회복되지 못하고 죽는다."라고 설명했다. 사라쟁은 독초를 먹은 사람들이 죽는 걸 봤는데, 그중 한 농부는 파슬리 뿌리를 먹고 1시간 반 만에 죽었다고 했다. "파슬리 뿌리를 생으로 먹으면 끔찍한 경련을 일으키며 죽는다. 익혀 먹으면 혼수상태에 빠진다."고 덧붙였다. 그러니 익혀 먹는 게 낫다는 얘기……가 아니라 아예 먹지 말라는 얘기다. 아무튼 당신이 미워하는 사람을 없애고 싶다면 사라쟁에게 좋은 비법이 있으니 문의해 보시길.

사라쟁은 식물을 채집하다가 캐나다 숲에 많이 자생하는 어떤 식물을 발견하고 아랄리아*Aralia*라고 명명했다. 의사였던 그는 약효 성분이 있는 종을 사용하기도 했고, 아랄리아의 뿌리를 끓여서 만든 물로 부종을 앓던 환자를 고쳤다. 또 다른 종으로는 고약을 만들어 오래된 종기를 낫게 했다. 그는 이 식물들이 우리의 인기 스타 인삼과 관련이 있다는 사실은 아직 상상하지 못했다.

설탕단풍나무, 비버, 그리고 악취 풍기는 짐승

사라쟁의 이야기는 설탕단풍나무라는 또 다른 신비로운 식물과 관련이 있다. 이 나무를 사라쟁이 발견했다고 주장하는 사람들도 있지만 그가 연구만 했을 가능성이 더 높다. 사라쟁이 메이플 시럽을 뿌린 팬케이크를 좋아했는지는 모르겠지만 아무튼 캐나다를 대표하는 이 나무에 대해 자신이 알아낸 지식을 우리에게 남긴 것은 고마운 일이다. 그는 식물만 연구한 것이 아니었다. 동물학자이기도 했던 그는 캐나다에 사는 한 동물을 관찰했는데, 그 동물은 오늘날에는 비버로 잘 알려져 있다. 사라쟁은 외과의의 솜씨를 살려 비버를 해부할 정도였으니 비버에 아주, 아주 관심이 많았다고 봐야겠다. 그는 재원이 부족하다고 불평했고 (보다시피 돈 없다는 불평은 예나 지금이나 똑같다) 생물학자에게는 가장 중요한 도구인 확대경을 빌릴 정도로 힘든 상황에서 연구를 했다.

1700년 10월에 사라쟁은 비버에 관한 연구 결과를 프랑스로 보냈고, 투른포르는 이를 받아서 과학원에 제출했다. 그는 '굴로 굴로'라고 불렸던 동물 울버린에도 관심을 기울였다. 몇 년 뒤에 위대한 자연학자인 르네 앙투안 페르쇼 드 레오뮈르(1683~1757)가 사향쥐의 일종인 울버린에 관한 사라쟁의 완성도 높은 글을 보고했다. 레오뮈르는 울버린이 악취가 심해 사라쟁이 연구하는 데 애를 먹었을 것이라고 덧붙였다.

"이 연구 때문에 사라쟁은 우리가 생각하는 것보다 더 힘들었을 것이다. 그처럼 강한 악취가 지속되는 것을 참을 수 있는 사람은 얼마 없다. 사라쟁은 몸에 밸 정도로 코를 찌르는 냄새 때문에 두 번이나 극한의 상황에 몰렸다. 똑같은 일을 감행할 해부학자는 우리 중에 없을 것이고 그런 대가를 치러야 한다면 불평하지 말아야 할 것이다."

그런 희생을 감수해야 한다니 동물학자의 삶은 어렵고도 힘들도다. 아무튼 사라쟁은 캐나다의 자연에 대한 탐구를 이어갔고 특히 식물 연구에 집중했다. 그러던 어느 날 그는 유럽을 떠들썩하게 할 식물을 우연히 발견했다.

만병통치약

미셸 사라쟁은 1704년에 단풍나무 숲에서 식물을 채집하다가 한 번도 본 적이 없는 풀을 발견했다. 다섯 갈래로 갈라진 잎, 송이로 맺힌 붉은 열매, 그리고 무엇보다도 사람의 다리 모양을 한 뿌리가 특이했다. 이로쿼이족은 이 식물을 '가렌트–오구엔', 즉 '허벅지–다리'라고 불렀다. 사라쟁은 자신이 발견한 식물을 아랄리아 후밀리스 프룩투 마요레*Aralia* *humilis fructu majore*라고 새로 명명했다. 훗날 이 식물의 이름은 파낙스 퀸퀘폴리우스*Panax quinquefolius*로 바뀐다. 뿌리에서 은은한 향이 나는 이 다년생 풀이 다름 아닌 캐나다 인삼이다.

사라쟁의 발견은 인삼 무역을 활발하게 한 계기였을 뿐 아니라 당대 식물학자들 사이에 큰 논쟁을 불러일으킨 원인이 되었다. 더구나 이 풀은 이로쿼이족과 중국인이 가진 놀라운 공통점이다. 1711년에 예수회 선교사 자르투*Jartoux* 신부가 인삼을 설명한 글을 보면 중국에서는 수천 년 동안 인삼을 약으로 쓰고 있었음을 알 수 있다. 자르투 신부는 중국 황제의 명을 받아 타타르 제국의 지도를 작성하는 중이었다. 그런데 뿌리에 좋은 효험이 있다는 식물을 발견하고 '인도와 중국 담당관에게 보내는 편지' 형식으로 자세한 보고서를 작성했다. 그 보고서는 삼의 약효와 삼이 중국 경제에 미치는 영향까지 기술하고 있다.

1713년에 이 편지를 모아서 《유익하고도 기묘한 편지*Lettres édifiantes et curieuses*》라는 제목으로 출간했다. 이 편지의 첫머리는 다음과 같이 시작한다.

"저희는 중국 황제의 명을 받아 타타르 제국의 지도를 작성하던 중에 인삼을 볼 기회가 있었습니다. 인삼은 중국에서 높이

평가받지만 유럽에는 거의 알려지지 않은 식물이지요. 1709년 7월 말경 저희는 조선에서 4리외(16킬로미터)밖에 떨어지지 않은 한 마을에 이르렀습니다. 그곳에 칼카-타체Calca-Tatze라는 타타르족이 살고 있었는데, 마을 사람 한 명이 산에 들어가서 삼 네 뿌리를 캐서 바구니에 담아 가져왔습니다.”

몇 줄 더 내려가면 중국에서 인기가 많은 인삼의 약효에 대한 설명이 나온다.

“중국에서 가장 뛰어난 의사들이 인삼의 약효에 대해 많은 책을 썼습니다. 귀족들에게 쓰는 약에 거의 매번 삼을 넣지요. 평민이 먹기에는 워낙 비싼 약재니까요. 의사들은 인삼이 몸과 마음을 지나치게 많이 써서 기가 쇠할 때 그 효험이 탁월하고, 가래를 없애며, 약해진 폐와 늑막염을 고친다고 주장합니다. 또 구토를 멈추게 하고, 식도를 강하게 만들고, 식욕을 되찾아주며, 체기를 내린다고도 하고요. 그런가 하면 가슴을 튼튼하게 해서 얕고 빠른 숨을 고치고, 생명의 기운을 보하며, 혈액 내 림프를 생성시킨다고 합니다. 마지막으로 현기증에 좋고, 노인들의 수명을 연장시킨다고도 하고요. (…) 약에 대해서 잘 아는 유럽인들이 인삼을 쓴다면 훌륭한 약이 될 것이라고 믿습니다. 인삼을 충분히 구해서 화학적 성질을 알아내고 병에 따라 좋은 효과를 볼 수 있도록 적당한 양을 쓰면 될 것입니다."

이처럼 중국인들에게 인삼은 모든 병을 낫게 한다는 만병통치약으로 통했다. 자르투 신부도 인삼을 직접 먹어보고 피로감을 덜 느끼는 등 효과를 보았다. 그는 인삼에 대해 아주 중요한 얘기를 하기도 했는데, 인삼이 자라는 환경, 오늘날 '서식지'라고 부르는 것에 대해 언급한 뒤, 만약 중국이 아닌 다른 나라에서 인삼이 자란다면 최적지는 아마도 캐나다가 될 것이라고 말했다.

2년 뒤에 누벨-프랑스에 파견되었던 예수회 선교사 라피토Lafitau 신부는 퀘벡에서 《유익하고도 기묘한 편지》를 접했다. 그는 인삼에 관련된 구절을 발견하고 자르투 신부가 말하는 식물을 찾아다니기 시작했다. 캐나다에서 자랄지도 모른다고 했으니 찾으러 가자고 생각했던 것이다. 라피토 신부는 이내 현지의 약초를 가장 잘 아는 원주민들에게 물어보는 것이 인삼을 찾는 가장 빠른 방법이라는 것을 깨달았다. 그러나 이로쿼이족은 창백한 낯빛을 한 백인 신부에게 식물 채집을 계속하라고 독려했다. 신부는 우연히 어떤 집 가까이에서

인삼의 효능은?

1736년에 생 바스트에서 인삼의 효능을 연구한 최초의 박사 논문이 발표되었다. 연구자였던 뤼카 오귀스탱 폴리오_{Lucas Augustin Folliot}가 다룬 주제는 '인삼이 피로 회복제로 적당한가?'였다. 그는 '그렇다'는 결론에 이르렀는데, 중국의 문헌에서 많은 도움을 받았다. 예를 들면 그는 다음과 같이 썼다.

"노인과 허약한 자에게 힘과 활기를 준다."

"정력을 과시하다가 힘이 빠진 자들, 급성 또는 만성 질환에 시달린 자들에게 놀랍도록 빠르게 기운을 회복시켜 준다. 그 어떤 약도 비할 바가 아니다."

"대식가와 알코올 중독자는 효험을 보지 못한다."

인삼의 화학적 분석은 19세기 후반에 처음으로 이루어졌고, 사포닌을 비롯한 성분이 밝혀졌다.

인삼에는 비타민, 섬유소, 진세노사이드도 함유되어 있다. 인삼이 가진 약으로서의 효능은 충분히 밝혀졌다.

인삼과 흡사한 식물을 발견했다. 모호크족 여인이 그 풀을 보고 이로쿼이족이 대대로 쓰는 약초라고 신부에게 알려 주었다. 그가 원주민들에게 자르투 신부가 그린 표본 그림을 보여 주자 그들은 한눈에 인삼을 알아보았다. 이 일이 원주민에게 전해 내려오는 지식을 과학적 목적으로 사용한 첫 사례였을 것이다.

라피토 신부는 《조제프 라피토 신부가 캐나다에서 발견한 타타르의 귀한 식물 인삼에 관한 논문*Mémoire concernant la précieuse plante du Ginseng de Tartarie, découverte en Canada par le P. Joseph Lafitau*》을 쓰고 1718년에 그 내용을 파리 왕립과학원에서 발표했다. 좌중에는 레오뮈르나 퐁트넬 같은 당대의 명망 높은 과학자들이 있었고, 앙투안 드 쥐시외, 앙투안 트리스탕 당티 이스나르Antoine Tristan Danty d'Isnard 등 유명한 식물학자들도 있었다. 투른포르는 이미 이 세상 사람이 아니었다. 자동차……가 아니라 마차 사고로 숨졌던 것이다. 아무튼 과학원에서는 과학적 논쟁이 벌어졌다. 라피토 신부가 말하는 풀이 인삼이 맞는가? 중국의 인삼과 같은 종인가? 이것은 무엇보다 방법론의 문제였다. 식물학자들이 만든 분류법은 엄격한 규칙을 따르지만 예수회 신부였던 라피토는 아무래도 종교적이고 비형식적인 관점을 가지고 있었다. 과학자들은 식물의 해부학적 구조, 꽃의 구조 등을 기준으로 삼는 반면 라피토 신부는 신세계에서 인삼이 어떻게 사용되고 있는지를 중점적으로 다루었다. 그는 원주민들이 환경에 대한 제대로 된 지식을 갖고 있으며 예수회를 유럽과 아메리카를 잇는 교두보라고 주장했다.

　라피토는 과학원에 처음 발을 들여놓았겠지만 과학원 회원들은 이미 일 년 전부터 인삼에 대해 논하고 있었다. 식물학자 이스나르는 라피토가 캐나다의 인삼과 중국의 인삼을 혼동한다고 꼬집었다. 그는 북아메리카와 아시아의 문화적 맥락을 비교한다는 것이 부당하다고 주장했다. 쥐시외와

두 대륙의 관계

라피토(사라쟁에게서 주인공 자리를 배앗았다고 볼 수 있는 가톨릭 사제)가 기록한 인삼의 관찰 내용과 그로 인해 벌어진 논쟁은 식물학의 문제를 넘어선다. 그것이 지리학과 민족학의 문제이기도 하기 때문이다. 라피토는 과학원 회원들과는 다른 사상과 기준을 가진 위대한 학자였다. 물론 그의 관점은 종교적이었지만 우리는 원주민의 풍습을 기록한 그를 인류학의 선구자로 꼽기도 한다. 1724년에 라피토는 《원시 시대 풍습과 아메리카 야만인들의 풍습 비교*Mœurs des sauvages américains comparées aux mœurs des premiers temps*》를 발표했다. 아시아와 북아메리카 두 곳에서 인삼이 발견되었다는 것은 두 대륙이 이어져 있었다는 증거로 해석되었다. 당시에 아메리카를 '발견'했지만 북극권은 아직 미지의 땅이었다. 아무튼 라피토는 중국인과 이로쿼이족이 같은 민족이라고 주장했다.

바양은 라피토의 분류법이 올바르긴 해도 인삼을 발견한 사람은 사라쟁이라고 일축했다.

과학계를 뒤흔든 열띤 토론이 끝난 뒤 과학원은 라피토가 틀리지 않았다고 판단했다. 라피토가 혼동했던 이유는 두릅나뭇과에 비슷한 속이 많았기 때문이라고 했다. 인삼속 외에 아랄리아속도 있으니 말이다(파낙스 진생*Panax ginseng*이 우리가 아는 인삼이다).

사라쟁의 이야기로 다시 돌아오면, 그는 1704년에 보냈던 첫 번째 표본과 중국의 인삼이 같은 것이라고는 금방 깨닫지 못했다고 차후에 인정했다. 그는 캐나다 인삼이 아랄리아일 것이라고만 생각했던 것이다. 아무튼 그는 인삼의 놀라운 효능을 잘 알고 있었다. 그는 1717년 11월 5일에 왕의 도서관 사서였던 비뇽Bignon 사제에게 보낸 편지에서 이렇게 썼다.

"왕의 정원에 심을 인삼 뿌리를 보냅니다. 바양 선생에게 부탁해서 말린 뿌리를 보내라고 했습니다. 노인은 젊어지고 아직 젊은 사람은 그 젊음을 유지하는 데 도움이 될 것입니다."

대단한 사라쟁. 그는 인삼의 효능을 믿은 순진한 사람이었을까? 아니면 아첨쟁이였을까?

18세기, 세상을 떠들썩하게 한 식물

캐나다에서 발견한 인삼은 생각보다 큰 반향을 일으켰다. 인삼은 중국에서 아주 높은 가격에 거래되었고, 인삼 거래는 폭발적으로 늘어났다. 18세기에 캐나다는 비버 털 다음으로 인삼을 가장 많이 수출했다. 비버 털보다는 따뜻하지 않지만 정신을 맑게 해주었다. 누벨-프랑스의 상인들은 밀 농사를 제쳐두고 너도나도 숲으로 가서 사람처럼 생긴 인삼을 캐기 시작했고, 수요와 공급에 따라 가격은 오르락내리락했다. 가격이 올라가면 밀밭은 텅텅 비었다. 지속 가능성에 대한 개념이 없었던 그 당시 사람들은 인삼을 마구 캤다. 또 가격이 떨어지면 부두 창고에 쌓아둔 재고가 썩어나갔다.

흥분, 생산성 추구, 이익의 매력에 취한 사람들은 인삼을 제대로 건조하지 않고 삶았다. 결국 품질이 저하되어 인삼을 버릴 수밖에 없었다. 인삼은 새싹이 자라서 꽃을 피울 때까지 3년이 걸리기 때문에 개체군의 세대교체가 빠르게 이뤄지지 않는다.

캐나다에서는 '인삼처럼 떨어진다'라는 표현이 있는데, 갑자기 넘어져 일어나지 못한다는 뜻이다. 이 표현은 캐나다의 식물학자이자 《세인트로렌스 계곡의 식물Flore laurentienne》

가족사와 스머프 이야기

두릅나뭇과는 50개의 속으로 나뉘고 여기에 약 400개의 종이 포함되어 있다. 50개 속 중 우리에게 친숙한 것은 인삼속과 두릅나무속, 그리고 송악속이다.

인삼속에 속하는 종은 13개이다(똑같은 걸 가지고 싸우는 식물학자들에게는 13개보다 많다). 캐나다 인삼과 중국 인삼이 여기에 속한다. 1753년에 린네는 캐나다 인삼을 파낙스 퀸퀘폴리우스*Panax quinquefolius*라고 명명했다. 그로부터 100년쯤 뒤인 1843년에 독일의 식물학자이자 탐험가인 카를 안톤 폰 마이어*Carl Anton von Meyer*는 프로이센을 위해 일하면서 중국삼과 동일종인 한국의 붉은 인삼에 대해 기술하고 파낙스 진생이라고 명명했다. '파낙스'는 그리스어로 '모든 것'을 뜻하고 '아코스'는 '약'을 뜻한다. 즉 만병통치약이라는 말이다.

시장에서 볼 수 있는 붉은 홍삼과 하얀 인삼은 같은 인삼을 조제 방식만 다르게 한 것이다. 홍삼은 최소 6년 된 뿌리를 달고 뜨거운 물에 달여 만든다.

가장 나중에 발견된 인삼은 1973년 베트남의 산악지대에서 자생하는 파낙스 비에트나멘시스*Panax vietnamensis*이다. 현재 멸종 위기에 놓인 이 인삼의 종자는 매우 높은 가격에 거래된다.

캐나다 인삼에 속하는 아랄리아 누디카울리스*Aralia nudicaulis*는 현지에서 살사파릴라로 불린다. 바로 스머프들이 좋아하는 식물이다. 민간 의학에서 자주 사용되는 살사파릴라는 청미래덩굴에 속한다. 현지에서 쓰는 이름은 과학적인 가치가 전혀 없기 때문에 혼동을 피하려면 예로부터 쓰는 라틴어 학명을 기준으로 삼는 것이 좋다.

4 · 캐나다산 뿌리의 흥망성쇠

을 쓴 마리-빅토랭Marie-Victorin 수사가 만들어냈다.

지금은 야생 식물의 불법 채취와 서식지 파괴 때문에 캐나다 인삼의 상황이 매우 불안정하다. 그러나 캐나다는 북아메리카 최대의 인삼 생산국으로, 매년 중국을 비롯한 아시아로 3,000톤을 수출한다. 한국에서는 인삼 축제가 매해 열릴 정도로 인삼의 인기가 높다.

자신의 연구에 몸과 마음을 다 바쳤던 사라쟁은 쉰세 살에 부유한 집안에서 자란 스무 살의 처녀 마리 안 아죄르Marie Anne Hazeur를 아내로 맞이했다. 결혼 증서에는 사라쟁의 나이가 마흔 살로 되어 있다. 단순한 실수였을까? 아니면 어린 아내 앞에서 젊어지고 싶었던 사라쟁의 뜻이었을까? 아무튼 힘든 삶에 지친 그는 일흔다섯의 나이에 열병에 걸려 세상을 떠났다.

현재 사라쟁은 퀘벡에서 뛰어난 의사로 알려져 있다. 1700년 5월 29일에 그는 위험한 수술을 성공적으로 마치면서 명성을 얻었다. 성모수녀회의 수도원장인 마리 바르비에Marie Barbier 수녀의 유방암 수술을 마취제와 진통제 없이 끝냈기 때문이다. 사실…… 아편을 좀 쓰긴 했다. 수녀는 그 뒤로 39년을 더 살았다. 하지만 그의 치료에 인삼이 쓰였다는 기록은 없다.

5

아마존 밀림에서 출세한 나무 이야기

라텍스를 좋아한다고 아무런 거리낌 없이 말하는 사람이 많을 것이다. 하지만 산업계에 혁명을 일으킨 라텍스가 고무나무에서 만들어진 것이고 그 파라고무나무를 발견한 사람이 프랑스의 기발한 엔지니어 프랑수아 프레노 드 라 가토디에르라는 걸 아는 사람은 많지 않다.

파라고무나무

Hevea brasiliensis (Wild ex A. Juss) Müll. Arg.

만약 이것이 없었다면 어쩔 뻔했을까? 타이어 없는 자동차, 젖꼭지 없는 젖병, 오리발과 잠수복 없는 잠수사, 지우개 없는 연필을 상상해 보라. 이것은 바로 세상에서 유일무이한 질감을 자랑하는 물질, 바로 고무이다. 고무는 아마존에서 자라는 파라고무나무*Hevea brasiliensis*에서 만들어진다. 그러나 한 유럽인의 관심을 끈 첫 고무나무는 헤베아 귀아넨시스*Hevea guianensis*였다. 이 나무는 학명에서도 알 수 있듯이 프랑스령 기아나에서 자란다.

    이 나무가 '발견'되었을 때 (원주민들은 당연히 이 나무를 알고 있었다) 기아나는 잘 알려지지 않은 야생의 오지였다. 로켓 발사장도 없었고 황금 사냥꾼들도 없었다. 생태관광은 라임

칵테일이나 카옌고추만큼이나 알려지지 않았다. 그때는 열대 지방에서 자라는 이 흔한 나무가 식물학, 경제, 의학 분야에서 환상적인 여행의 기원이 되리라고는 아무도 상상하지 못했다.

눈물 흘리는 나무를 찾아 떠난 만능 엔지니어

고무에 최초로 큰 관심을 가진 사람은 뤼쇼드리의 귀족 프랑수아 프레노 드 라 가토디에르François Fresneau de la Gataudière(1703~1770)였다. 그는 1703년 굴의 나라 마렌 지방에서 태어났다. 그의 이름은 아주 우아하지만 줄여서 프레노라고 부르자.

그의 발견은 세계를 뒤바꾸어 놓았지만 그는 역사에서 잊힌 인물이다. 현재 라텍스의 용도는 2만 5,000가지가 넘는다. 프레노를 카옌에 왕의 엔지니어로 파견한 사람은 루이 15세 해군의 모르파 백작인 장-프레데리크 펠리포Jean-Frédéric Phélypeaux였다. 그 당시 프레노는 스물아홉의 혈기왕성한 청년이었다.

그가 맡은 첫 번째 임무는 새로운 요새의 건설을 검토하는 것이었다. 그리고 왕의 정원에 보낼 식물을 채취해야 했다. 그는 당시 기아나에서 재배하고 있던 카카오에 관심을 보

속과 종

파라고무나무속은 1775년에 프랑스 식물학자 장-바티스트 퓌제 오블레 Jean-Baptiste Fusée Aublet 가 헤베아 귀아넨시스를 보고 처음 만들었다. 파라고무나무의 최초 표본은 1785년에 장-바티스트 드 라마르크 Jean-Baptiste de Lamarck 가 프랑스에서 받았다.

였다. 엔지니어로서는 개미를 없애는 장치를 발명한 것을 매우 자랑스러워했다. 카카오 농장에 붉은 개미가 나타나 문제가 되자 프레노는 18세기의 맥가이버처럼 개미가 유황을 싫어한다는 사실에 창의성과 판단력을 발휘해서 개미집에 유황을 불어 넣는 장치를 발명했던 것이다. 프레노는 경사지의 흙을 퍼 올려서 운반하는 일종의 기중기, 카사바를 갈거나 조를 탈곡하는 수동 제분기, 카사바 뿌리에서 즙을 짜는 압착기 등 매우 유용한 장치들을 계속 발명했다. 오야폭에 새로 부임했을 때에는 방어 설계도 했다.

연속된 성공에 들뜬 프레노는 승진을 꿈꾸고 대위 자리를 요청했다. 그러자 감독관은 "그의 열성은 영웅 못지않다."고 보고했다. 그러나 식민지에서 가장 오래 머문 장교와 카엔의 사제는 프레노를 시기했다. 결국 프레노는 시골에 정착해서 검둥이 (이때는 식민지 주민과 아주 다르게 생긴 원주민을 '검둥이', '야만인', '자연인'이라고 불렀다) 여덟 명을 고용해 사탕수수, 트루 인디고 등 식물을 심었다. 그와 동시에 진흙과 모래를 섞어 만든 벽돌을 발명하는 등 요새에 관한 연구도 지속했다. 기발한 엔지니어 같으니라고!

프레노는 프랑스로 귀국하면서 왕의 정원 관리인인 샤를 프랑수아 드 시스테르네 뒤페Charles François de Cisternay du Fay 에게는 식물 상자를, 펠리포에게는 품질 좋은 목재를, 그를

눈물 흘리는 나무에서 얻은 유액

프레노가 살던 18세기에는 파라고무나무가 흘리는 '눈물'을 '송진', '수액' 또는 '고무'라고 불렀다. 사실 이 액체는 유액이다. 수액은 영양분을 공급하는 물관 속에 흐르는 액체를 가리킨다. 송진은 식물의 수지구에서 분비된다. 고무는 특별한 세포에서 만들어지고 외부 공격에서 나무를 보호하는 역할을 한다. 유액은 세포막 안에 갇혀 있다가 나무에 상처가 나면 밖으로 배출되고, 유액이 빠져나간 나무는 수분이 매우 부족해진다. 유관은 미네랄과 유기원소를 흡수하는 일종의 우물 같은 역할을 한다.

총애하는 앙브르 후작부인marquise d'Ambres에게는 커피를 선물했다. 프레노가 혹시 후작부인의 애인이었을까? 그야 알 수 없다. 아무튼 후작부인은 펠리포 앞에서 늘 프레노를 지지해서 프레노의 경력에 많은 도움을 줬다. 프레노는 1738년에 한 대위의 딸 세실 솔랭−바롱Cécile Solin-Baron과 결혼해서 자식 여덟을 두었다. 이후 그는 사략선이 해안에 출몰하던 기아나로 돌아갔다.

1747년에는 뛰어난 학자였던 샤를 마리 드 라 콩다민 Charles Marie de La Condamine(1701~1774)이 이미 관찰했던 놀라운 식물을 찾기 시작했다. 기나나무를 발견하기도 했던 라 콩다민은 송진이 나오는 나무를 관찰하고 1745년에 열린 과학원 모임에서 연구 결과를 발표했다. 과학원 회원들은 그의 발표를 과학적 발견이 아니라 신기하다는 식으로만 받아들였다. '야만인들'이 공이나 장화를 만든다는 얘기를 들은 그들은 이해하려는 마음보다 웃고 싶은 충동이 더 강하게 들었다. 아, 이 이야기가 고무지우개로 지워야 할 쓸데없는 생각이 아니라는 걸 그들이 알았더라면!

프레노는 펠리포에게 보내는 편지에 "나무의 유액을 발견했는데 이것으로 포르투갈 사람들이 주사기를 비롯해서 유용하고도 신기한 물건을 만든다."고 적었다. 꾀 많고 선견지명까지 갖췄던 프레노는 유액이 무역이나 산업적으로 시장성이 있을 것이라고 직감했다. '야만인들'은 병, 촛대, 장화, 공, 주사기 등을 만들었다. 주사기는 혈액을 채취하는 용도가 아니라 용액을 주입하는 용도로 쓰였다. 원주민들은 이 마법의 유액을 만들어내는 나무를 '우는 나무'라는 뜻의 '카우추'라고 불렀다.

원주민들 속에서 조사하다

누군가는 녹색 다이아몬드를 찾아 떠날 때 프레노는 '주사기 나무'를 찾아 떠났다. 그는 빽빽한 밀림에 들어가 열대의 더위 속에서 땀을 뻘뻘 흘리며 장차 황금처럼 값이 나갈 고무를 찾기 위해 바쁘게 움직였다.

그 과정에서 관심을 끄는 다른 나무들을 발견한 그는 작은 실험도 했다. 예를 들어 열대성 나무에서 나온 오일과 야생 무화과나무의 오일을 섞어 보았다. 이 혼합물로 벨트 같은 것을 만들었는데 탄성은 전혀 없었다.

행운의 여신은 프레노에게 결국 웃어 보였다. 우연히 해우를 사냥하러 떠나는 카누팀을 만났던 것이다. 그들은 포르투갈 포교단에서 도망친 누라그족이었다. 프레노는 그들의 입을 열기 위해 흔치 않은 방법을 썼다. 그들에게 증류주를 먹인 것이다. 프레노의 꾀가 통해서 원주민들은 송진이 흐르는 나무를 알고 있다고 실토했다. 프레노가 그들에게 찰흙으로 나무의 열매를 만들어 보라고 말했더니 원주민들은 3개의 씨가 든 삼각형 모양의 열매를 만들었다. 씨앗은 껍질을 벗겨 삶으면 요리에 쓰는 버터가 되었다. 그것은 분명 포르투갈 사람들이 '파우 시링가pao xiringa', 즉 고무나무라고 부르는 카우추의 열매였다. 프레노는 원주민들에게 잎도 그려달라고 했다.

그는 고마움의 표시로 그들에게 소금을 선물했다. 그리고 고무나무를 찾으라고 사람들을 보냈는데, 그중 메리고 Mérigot(이 인물에 관한 기록은 별로 남아 있지 않다)라는 사람이 나무의 밑동을 발견했다고 보고했다. 프레노는 카누를 마련해서 고무나무 추적에 필요한 식량과 생필품을 실었다. 그는 워낙 부지런한 사람이어서 여행 도중 지나치는 강들의 지도까지 그렸다. 아프루아그강에 이른 프레노는 드디어 보물을 찾았다. 눈물 흘리는 나무를 발견했을 때 그는 악어의 눈물을 흘리지 않았을까?

프레노는 나무에서 얻은 마법 같은 물질을 재미삼아 여러 물건에 칠했고 결국에는 고무장화를 발명했다(원주민이 그보다 먼저 발명하기는 했지만). 그는 마타루니 강둑을 따라 올라가면서 쿠사리족에게 따뜻한 환영을 받았다. 춤, 횃불, 식사로 그를 맞이하는 원주민들에게 프레노는 또 한 번 열매의 그림을 보여주었다. 원주민들은 그런 나무가 자라는 곳을 아주 잘 알고 있다고, 근처에 널려 있는 게 그런 나무라고 말했다. 프레노는 그렇게 해서 채집한 유액으로 공과 팔찌를 만들었다.

그것만 해도 감지덕지였지만 프레노는 특별한 고무에 마음을 빼앗겼다. 그는 송진이 매우 빨리 굳어서 원하는 모양을 빨리 만들어야 한다는 것을 깨달았다. 그는 고무에 관한 연구를 계속해서 자신의 발견에 대한 논문을 쓰고 그 논문을 모르파의 후임인 앙투안 루이 루예Antoine Louis Rouillé 해군부 차관에게 보냈다. 정상적인 성격은 아니었던 루예는 프레노의 논문을 무시했고 과학원도 그가 보낸 논문의 가치를 알아보지 못했다. 다행히 과학원의 일원이었던 위대한 과학자 라 콩다민이 프레노의 글을 높게 평가했다. 프레노와 라 콩다민은 1744년에 기아나에서 만난 적이 있어서 거의 친구나 다름없었다. 두 사람은 함께 음속에 대해서 실험을 한 적도 있었고 목성의 위성들을 관찰하기도 했다. 프레노는 논문에서 나무에 대해 기술하고 고무를 추출하는 방법을 설명했다.

"이 나무는 키가 매우 크고 곧으며 상단부는 규모가 작고 나무 기둥은 가지가 없이 매끈합니다. (…) 고무나무의 수액을 추출해서 사용하는 방법은 (…) 나무 밑동을 씻은 다음 나무 기둥을 세로로 약간 비스듬하게 자릅니다. 나무의 외피가 다 잘릴 정도로 깊게 자르고 아래위로 잘라서 위쪽에서 흘러내린 액이 밑으로 내려갈 수 있게 합니다."

고무의 활용에 관해서 프레노는 펌프 도관, 잠수복, 물통, 과자 주머니 등을 제안했다. 그로부터 몇 년 뒤인 1763년에 베르탱이라는 재정 감독관이 탄성 좋은 수지에 관심을 보였다. 베르탱은 라 콩다민에게 질문을 던졌고, 라 콩다민은 당연히 친구 프레노를 연결시켜 주었다. 프레노는 매우 뿌듯해하며 아주 정중한 편지로 답했다.

"조국의 영광을 위한 저의 열성과 봉사는 지식과 재능이 따라준다면 귀하의 칭찬을 받을 만할 것입니다. 둘은 함께 가야 합니다. 지식과 재능에는 한계가 있는 반면 저의 열성은 무한합니다. 제가 저 자신에 대해 갖는 이 느낌은 귀하도 원하셨고, 오랫동안 제 연구와 관심의 대상이었던 것을 밝히게 할 것입니다."

요즘은 이런 편지를 찾아보기 힘들다. 이런 식으로 상사에게 편지를 써보라. 아마 상사에게 깊은 인상을 남길 것이다. 아무튼 프레노는 아주 만족해하며 라 콩다민에게 감사의 편지를 보냈다.

"제가 생각지도 못하게 차관님과 서신을 나누는 사람이 되도
록 만들 수 있는 사람은 당신밖에 없을 것입니다."

(프레노의 문체가 나보다 얼마나 더 우아한지 알아차렸을 것이다. 그것이 정부 고위직과 서신을 나누며 얻는 특혜인지는 모르겠지만.) 베르탱은 나무에서 흐르는 수지를 유리병에 보관해서 프랑스로 가져올 수 있는지 물었다. 프레노는 그럴 수 없다고 대답했다. 액체 상태가 오래 유지되지 않기 때문이었다. 수지 위에 기름을 붓는다면 모를까. 고무를 다시 용해할 수 있는지도 의문이었다. 프레노는 고무가 물에 용해되지 않는다는 사실을 알아내고 호두기름이라는 훌륭한 용해제를 찾아냈다. 호두기름은 수은, 비누, 올리브유, 에틸알코올 등 수많은 물질을 실험한 뒤에 찾은 해답이었다.

우비와 멜빵

파라고무나무와 고무의 서사시는 여기에서 멈추지 않는다. 프레노의 연구가 발표되자 많은 사람이 탄성 좋은 훌륭한 소재인 고무에 관심을 갖기 시작했다. 1770년에 영국의 화학자 조지프 프리스틀리Joseph Priestley(1733~1804)는 고무가 종이에 쓴 연필 자국을 지운다는 사실을 알아냈다. 그렇게 해서 그는 지우개를 발명했다. 사실 프리스틀리는 평범한 사람이 아니다. 그는 녹색 식물이 산소를 내뱉는 과정, 즉 광합성을 증명한 유명한 과학자이다.

몇 년 뒤에 영국의 산업가 새뮤얼 필Samuel Peal은 유액을 테레빈유와 섞어서 의류와 신발에 방수 처리를 할 방법을 찾았다. 1823년에 스코틀랜드의 화학자이자 발명가인 찰스 매킨토시Charles Macintosh는 고무와 나프타를 섞어서 방수 물질을 발명했다. 이어서 매킨토시(k를 덧붙여서 Mackintosh가 되었다)라는 브랜드로 방수용 코트가 출시되었다. 이 책은 식물학에 관한 것이니까 애플사의 컴퓨터와는 하등 상관이 없다는 것을 밝혀둔다.

이와 비슷한 시기에 고무로 만든 멜빵과 스타킹 고정 밴드도 제작되었다. 파리와 루앙에서는 50만 족의 멜빵을 수출

파라고무나무 대신 상추나 민들레?

파라고무나무는 유액을 생산하는 유일한 식물이 아니다. 이 나무는 대극과에 속하는데, 대극과의 모든 식물에는 유액이 있다. 상추나 민들레처럼 다른 과에 속하는 식물도 유액을 생산한다. 캘거리 대학교 연구진은 상추로 고무를 생산할 수 있는지 연구 중이다. 연구자들은 상추 *Lactuca sativa*에서 고무 생산에 필요한 단백질을 발견했다.

러시아 민들레*Taraxacum kok-saghyz*도 과학자들의 관심 대상이다. 2010년 이후 특히 독일에서 곰팡이로 위기에 빠진 고무나무의 믿을 만한 대안으로 러시아 민들레에 대한 연구가 활발히 진행되었다. 1928년에 러시아는 열대 지방에 식민지가 없었다. 니콜라이 바빌로프*Nikolai Vavilov* 교수는 농학자들을 열대 지방에 파견해서 러시아에서 자랄 수 있는 고무를 생산할 수 있는 식물을 찾아오려 했다. 그렇게 해서 러시아 민들레가 투르키스탄의 스텝에서 자라기 시작했다. 1941년에 러시아 민들레가 차지한 땅의 면적은 6만 7,000헥타르나 되었다. 제2차 세계 대전 중에 독일은 러시아를 점령하면서 이 민들레를 뽑아갔다. 샐러드에 넣으려고 뽑아간 건 아니고 군사용으로 사용할 고무를 생산하기 위해서였다. 안타깝게도 강제 이주된 화학자와 농학자들이 강압적인 환경에서 연구를 수행했다. 연구 결과는 만족스럽지 않았다. 독일은 2011년에 이 연구를 재개했다. 유액이 빨리 응고되게 하는 효소를 비활성화시킨 유전자 조작 민들레를 만든 것이다. 이로써 대량 생산이 가능해졌기 때문에 원래 러시아 민들레보다 4~5배나 많은 고무를 생산하고 있다. 파라고무나무에서 생산되는 고무와 달리 알레르기를 일으키지 않는 것도 장점이다.

하는 등 두 상품의 제작이 성행했다. 유행에 민감했던 나폴레옹 3세도 예쁜 멜빵 견본을 착용했다고 한다.

그로부터 몇 년이 더 지난 뒤에 어떤 남자가 더 이상 이렇게 살면 안 되겠다고 결심했다. 그는 다름 아닌 찰스 굿이어Charles Goodyear(1800~1860)였다. 미국의 철물상이었던 그는 빚이 많았고 모든 것이 정상으로 되돌아올 수 있도록 해결책을 찾아야 했다. 가족(아내와 6명의 자식—자식은 나중에 12명으로 늘어난다)을 먹여 살려야 했던 굿이어는 고무에 관심을 가졌다. 그러나 그때는 이미 기적의 제품이었던 고무의 인기가 시들해졌다. 사실 고무가 완벽하지는 않았다. 여름에는 끈적거렸고 겨울에는 빳빳해졌으니 말이다. 굿이어는 카옌의 도형장 같은 곳에서 미친 사람처럼 연구에 몰두했다. 작업실에는 악취가 풍겼다. 화학이 다 그런 것이지만. 이웃들의 불만 때문에 굿이어는 이사를 가야 했다. 고무를 악취 나는 여러 물질들과 섞는 것은 밀림의 나무 위에서나 환영할 일이지 가정집 주차장에서 할 짓은 아니었다. 굿이어는 뉴욕으로 도망치다시피 떠나서 재기를 꿈꿨다. 그는 자신을 믿고 고용한 후원자들을 만나서 고무로 우편 행낭을 제작했다. 그러나 제작 기술이 아직 완벽하지 않아서 행낭이 햇빛을 받은 눈처럼 녹아내렸다. 그러나 결국 그에게도 행운이 찾아왔다. 어느 날 실수로 냄비에 유황을 섞은 고무를 붓는 바람에 가황 처리 기법을 발명하게 된 것이다. 이 기법은 고무에 탄성을 불어넣는다. 그러나 로버트 포춘과 달리 굿이어에게는 그 이후로 불행이 계속 찾아왔다. 그는 자신의 발명품으로 돈을 한 푼도 벌지 못하는데, 다른 발명가인 토머스 핸콕Thomas Hancock이 그를 앞질러 특허를 등록했기 때문이다. 불쌍한 굿이어는 빚더미에 올라 감옥에 갇히게 되었고 어린 자식 여섯을 잃었다. 찰스 굿이어의 사연은 여기에서 멈추자. 독자들에게 연민의 눈물을 흘리게 하는 게 이 책의 목적은 아니니 말이다. 눈물은 파라고무나무에게나 흘리게 하자. 다만 가황 처리 기법의 발명으로 콘돔의 대량 생산이 가능해졌다는 사실만 알아두자(참고로 콘돔은 현대의 발명품이 아니다. 고대 이집트인들은 양의 창자나 돼지의 방광을 피임 도구로 사용했다).

식물 유괴에 관한 전설

이제 우리의 고무나무로 되돌아오자. 이야기는 영국의 탐험가 헨리 윅햄Henry Wickham(1846~1928)과 함께 계속된다. 1876년에 윅햄은 브라질에서 씨앗을 가져다가 런던의 큐왕립식물원에 심었다. 나중에 아시아에 있는 영국 식민지에 가져다 심을 생각이었던 것이다. 그렇게 해서 윅햄은 브라질의 독점을 막았다. 혹자는 이 사건을 식물 유괴라고 말하기도 한다. 윅햄은 그렇게 해서 전설이 되었다. 하지만 과장은 금물! 윅햄이 씨앗을 가져온 것은 완전히 합법적인 일이었다. 그리고 윅햄이 전설이 된 것은 그 자신 때문이었다. 자, 이제 한 꼭지 전체를 할애해도 모자랄 사건을 살펴보자. 다만 이 책이 고무나무에 관한 10권짜리 책이 아니니 이야기를 요약해 보자.

런던에서 식물학자 조지프 돌턴 후커와 리처드 스프루스Richard Spruce는 극동 지역에서 기르는 커피를 대체할 작물을 찾고 있었다. 그 당시 헤밀레이아 바스타트릭스Hemileia vastatrix라는 곰팡이 때문에 커피 농사가 큰 피해를 입고 있었다. 이때 선발된 식물이 바로 파라고무나무다. 1876년에 로버트 크로스Robert Cross, 찰스 패리스Charles Farris, 헨리 윅햄 등 식물학자와 모험가로 이루어진 팀이 브라질에 파견되었다. 윅햄은 니카라과에서 새를 사냥하며 살던 여행가였다. 그러다가 고무를 채집하러 오리노코강을 거슬러 올라갔다. 그는 고무나무 씨앗을 7만 4,000개 모아서 증기선 아마조나스에 실어 영국으로 보냈다. 보낸 씨앗 중 단 4퍼센트만 발아했다.

이 작전은 사실 '식물 유괴'가 아니었다. 윅햄은 차를 훔친 로버트 포춘과는 아주 달랐다. 그는 '고무 도둑'이라는 전설을 만들어내려고 스스로 도둑을 자처했기 때문이다. 특이한 인물이었던 윅햄이 영웅 행세를 하고 싶어서 생각해낸 방법이었다. 윅햄은 브라질 정부에 여왕에게 줄 난초를 가져간다고 거짓말을 했다는 허풍을 떨었다. 그러나 관세청 직원들은 그가 파라고무나무 씨앗을 가져간다는 사실을 잘 알고 있었다. 그들은 영국 여왕에게 그 씨앗이 전해진다는 데 자부심까지 느꼈다.

윅햄의 삶은 아주 파란만장했다. 브라질에서 돌아온 그는 이번에는 오스트레일리아로 떠나 커피 농장주가 되었다(그러나 화재, 토네이도 등 몇 가지 불운이 닥쳐 그의 작은 사업은 망하고 말았다). 그 다음에는 온두라스에 가서 산림 감시원이 되었다가 다시 뉴기니에서 해면을 낚는 어부, 거북이를 사냥하는 사냥꾼, 카카오와 파라고무나무를 심는 농사꾼이 되었다. 사무실에서 싫증이 나거든 윅햄을 떠올리자. 그리고 살면서 할 수 있는 일은 얼마든지 많다는 사실을 기억하자.

수년 간의 모험을 마친 윅햄은 다시 영국으로 돌아갔다. 그는 그곳에서 고무를 처리하는 기계를 만들었지만 아무도 관심을 보이지 않았다. 그의 이름이 고무나무의 '도둑질'에만 관련되어 있다는 것이 아쉽다. 1910년에 말레이시아와 실론(스리랑카)에서 생산된 고무의 가격이 치솟아 브라질산 고무를 앞질렀다. 그해 아시아에는 고무나무 5,000만 그루가 자라고 있었고 브라질에서는 가격이 폭락했다.

겁을 모르는 발명가들

파라고무나무의 대서사시에는 아직 많은 발견과 혁신이 등장한다. 1888년에 (이것저것 만들기를 좋아했던 스코틀랜드의 수의사) 존 보이드 던롭John Boyd Dunlop이 타이어 제조에 관한 특허를 등록했다. 1892년에는 미슐랭 형제가 고무로 조립형 자전거 바퀴를 만들었다. 그로부터 10년 뒤에는 미슐랭의 유명한 캐릭터 비벤덤이 탄생했다.

파라고무나무는 1893년에 가나에 도입되었고 기아나에는 그로부터 4년 뒤에 도입되었다. 1898년에 레오폴 2세가 아시아의 농장들과 경쟁하기 위해서 벨기에령 콩고에 농장을 조성했다. 이듬해에 (페스트균을 발견했던) 알렉상드르 예르생Alexandre Yersin이 인도차이나반도에 파라고무나무를 도입했다. 태국에서는 1903년에 재배가 시작되었다.

1920년대 말에 포드 자동차를 출시한 산업가 헨리 포드는 고무를 얻기 위해 브라질에 미래 도시를 세우면 어떨까 하는 아이디어를 냈다. 그 도시가 바로 포드랜디아였다. 포드

멕시코의 고무나무

멕시코를 둘러보며 고무나무의 이야기를 마치자. 멕시코에는 파르테니움 아르겐타툼*Parthenium argentatum*이라는 식물이 자란다. 이 식물을 짓이기면 유액을 얻을 수 있다. 이 식물은 새로운 종도 아니다. 원주민들은 오래전부터 이 식물에 대해 알고 있었고 미국인들도 제2차 세계 대전 중에 독일군과 일본군이 해상로를 차단하면서 이 식물에 관심을 가졌다. 그러나 그 이후 민들레와 마찬가지로 파르테니움 아르겐타툼도 기억의 저편으로 사라졌다. 사실 오래된 식물인 파르테니움 아르겐타툼은 의료 분야를 비롯해서 많은 곳에 사용될 수 있는 미래의 식물이다. 프랑스의 디자이너 벵자맹 파블리카 Benjamin Pawlica는 프레노가 고무장화를 만든 것처럼 파르테니움 아르겐타툼의 고무로 '사이클릭 슈즈'를 만들었다. 친환경적이고 인체공학적이며 백 퍼센트 파르테니움 아르겐타툼로만 만들어서 알레르기도 잘 일으키지 않는 신발이다.

는 여기에 2,000만 달러를 쏟아부었다. 그에게는 푼돈이었지만. 그러나 그의 바람과는 달리 유토피아는 유령 도시가 되고 말았다. 포드가 기계에는 일가견이 있었을지 모르지만 식물학에는 그렇지 못했다. 세상에서 가장 돈이 많은 사람이면 뭐하나. 나무 한 그루 제대로 심지 못하는걸. 나무를 너무 촘촘히 심는 바람에 곰팡이가 창궐했다. 포드랜디아는 1945년에 문을 닫았고 모두 당황한 채 미시간으로 돌아갔다.

오늘날 고무의 연간 생산량은 110만 톤에 달한다. 1초에 340킬로그램이 생산되는 셈이다. 아시아가 생산의 90퍼센트를 차지하고 그중 37퍼센트를 태국이 차지한다. 유액의 추출 기법은 프레노 이후로 많이 변하지 않았다. 일꾼들은 지금도 나무에 칼집을 내서 흘러내리는 유액을 받는다.

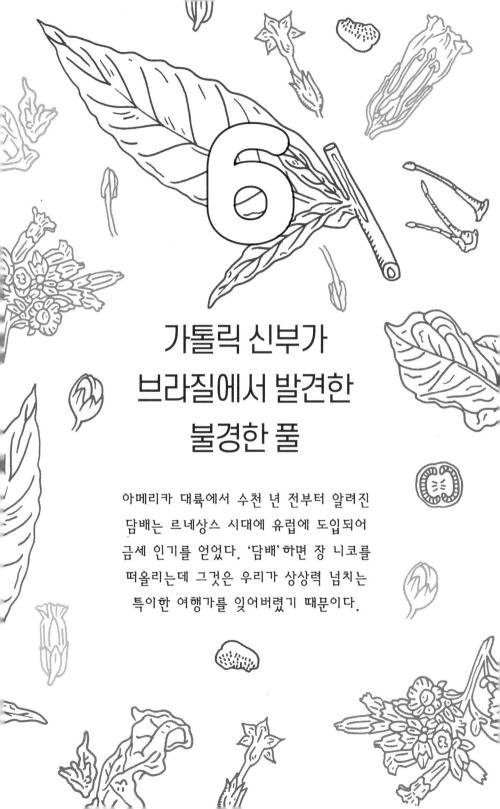

6

가톨릭 신부가
브라질에서 발견한
불경한 풀

아메리카 대륙에서 수천 년 전부터 알려진
담배는 르네상스 시대에 유럽에 도입되어
금세 인기를 얻었다. '담배'하면 장 니코를
떠올리는데 그것은 우리가 상상력 넘치는
특이한 여행가를 잊어버렸기 때문이다.

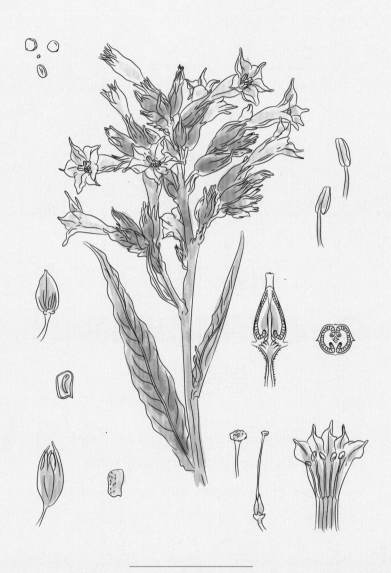

담배

Nicotiana tabacum L.

"내 담뱃갑에는 좋은 담배가 들었지 / 나한테는 좋은 담배가 있지만 넌 없을걸⋯⋯." 참 잘하는 짓이다! 순진한 애들한테 담배 피우고 (담배는 건강에 해로운 것을!) 친구 놀리는 재미를 가르쳐주고 말이다(넌 이 좋은 걸 갖지도 못할걸!). 라테냥 사제Abbé de Lattaignant (1697~1779)가 지었다고 하는 이 동요에는 두 가지 정보가 숨어 있다. 첫째, 담배가 이 시절에 프랑스에 널리 퍼져 있었다. 둘째, 담배가 가장 친근한 식물이었다.

　　니코티아나 타바쿰Nicotiana tabacum이라는 학명을 가진 담배는 16세기부터 프랑스에서 알려졌다. 니코티아나라고 부르는 이유는 담배에 니코틴이 들었기 때문이 아니다. 상황은 오히려 반대였다. 1828년에 분리된 유해 물질인 니코틴의 이름은 장 니코Jean Nicot(1530~1600)가 '발견'해서 그의 이름이 붙은 담배의 라틴어 학명에서 파생되었다. '발견'에 작은따옴표는 꼭 붙여야 한다. 원주민들이 유럽인들보다 훨씬 이전부터 담배를 사용했기 때문이기도 하고, 담배를 아마존에서 발견한 사람도 장 니코가 아니기 때문이다. 장 니코는 유럽을 떠난 적이 없었다. 그는 담배를 프랑스에 도입했을 뿐이다. 별로 추천할 만하지 않은 이 식물을 수입했다는 명예를 주고 싶어도 사실은 그가 처음으로 담배를 도입한 사람도 아니었다. 장 니코는 그보다 훨씬 모험심이 넘치는 앙드레 테베André Thévet(1516~1590)라는 프란체스코회 수도사에게서 타이틀을 훔쳤다.

리우에 가거든 담배를 잊지 마

앙드레 테베는 역사에서 잊힌 인물이다. 만약 담배의 유해 성분이 니코틴이 아니라 테베틴이라고 불렸다면 그를 기억했을까? (사실 테베틴이라는 물질은 실제로 존재한다. 테베에게 바쳐진 식물인 테베티아에서 온 말이다.) 이제 임자를 제대로 찾아주자.

1503년 또는 1504년, 아니면 1516년(언제인지 확실하지 않지만 아주 오래전인 것은 틀림없다)에 프랑스 앙굴렘에서 태어난 테베는 농부의 아들이었다. 가난한 집안의 아들이었던 그는 열 살에 자신의 뜻과는 상관없이 수도원에 맡겨져 수도사가 되었다. 그의 학업 기간은 짧았고 그 기간 동안 식물학을 공부하지도 않았다. 아리스토텔레스, 프톨레마이오스 등 훌륭한 석학들의 책을 읽었으니 그 정도의 결점은 용서해주자. 그 대신 그는 호기심이 많았고 넓은 세상을 발견하고자 하는 욕구가 강했다. 수도사라는 신분을 버릴 생각은 없었지만 책과 여행이 수도원 생활보다 훨씬 재미있는 것도 사실이었다.

테베는 이탈리아, 팔레스타인, 소아시아를 여행하고 신이 나서 돌아왔다. 돌아온 그에게 행운의 여신이 웃어 주었다. 대규모 여행이 기획 중이었기 때문이다. 프랑스의 왕 앙리 2세가 군인이자 탐험가인 니콜라 뒤랑 드 빌가뇽Nicolas Durand de Villegagnon을 브라질 식민지로 파견하기로 한 것이다. 순진한 수도사 테베도 빌가뇽과 함께 남아메리카로 떠나는 배에 올랐다. 리우의 카니발에 참가하거나 코파카바나 해변에서 선탠을 하거나 삼바 춤을 추려는 건 아니었다. 테베는 수도사가 아니었던가. 그때만 해도 브라질은 겨우 50년 전에 포르투갈인들이 발견한 새로운 땅이었다. 그곳의 식민지는 '남쪽 프랑스'라고 불렸다. 600명의 식민지 주민들이 빌가뇽과 테베가 탄 배에 함께 올랐다.

테베는 브라질에 도착해서 발견한 모든 것에 감탄했다. 그는 늘 "리오에 가거든 그 높은 곳에 오르는 걸 잊지 마."라고 흥얼거렸다. 그는 새로운 것은 뭐든지 '특별한 것singularitez'이라고 불렀다. 때는 르네상스 시대였고 세상에 대한 지식은 아직 많지 않았다. 그러니 무엇이든 쉽게 믿었던 테베를 용서하자. 테베는 탐험가로서의 임무를 충실히 수행했다. 식물, 새, 곤충뿐 아니라 무기, 물건, 원주민들의 깃털 치마 등 수많은 표본을 (카니발에 가려는 것이 아니라 지식을 위해서) 채취했다. 그가 전리품을 가져오고 싶어 했다고 비웃는 사람도 있을 것이다. 그러나 그는 자연학자가 아니라 부속사제로 브라질에 간 것이다. 하지만 그게 대수인가. 그에게는 관찰자의 영혼과 지식에 대한 갈증이 있었다. 그러나 그는 식민지에서 오래 버티지 못했다.

어느 날 테베는 플라타 지역으로 탐험을 떠나는 선원들을 따라나설까 하는 생각이 스쳤다. 꼭 그럴 의무가 있었던 것은 아니지만 그는 사제로서 해야 할 임무에만 갇혀 있고 싶지 않았다. 그러나 탐험의 끝은 좋지 않았다. 파타곤족에게 죽임을 당할 뻔한 것이다. 게다가 식민지의 분위기도 심상치 않았다. 테베는 해변에 나갈 일이 드물었다. 가톨릭 교도와 개신교 교도들의 갈등이 깊어지자 테베는 프랑스로 돌아가고 싶었다. 빌가뇽은 첫 배에 그를 태워 보냈는데 선의 때문이 아니라 식민지의 긴장 때문에 사제의 존재가 부담스러웠기 때문이었다.

쿠바와 아소르스 제도에 잠시 들렀던 테베는 1556년에 파리로 돌아갔다. 그 당시로서는 대단한 여행이었다. 당신도 기대수명이 그리 길지 않았던 그 시대에 살았다면 어땠을까?

테베가 관찰한 내용을 담은 스케치 등 여행에서 기록을 가지고 돌아오지 않았다면 아마 그의 이야기는 여기에서 끝났을 것이다. 스케치라니……, 카메라가 없을 때 떠올릴 수 있는 좋은 아이디어가 아닐 수 없다. 그의 기록은 신대륙에 대한 많은 정보를 주었다. 게다가 테베는 주머니 속에 유럽에 알려지지 않은 식물의 씨앗 몇 개를 숨겨 들어왔다. '페툰'이라고 불리던 그 식물의 이름에서 피튜니아Petunia가 파생되었다. 그러나 우리가 다루고 싶은 식물은 피튜니아가 아니다.

테베는 파리로 돌아오고 2년이 지난 뒤에 여행기《남쪽 프랑스의 특별한 것들Les Singularitez de la France antarctique》을 출간했다. 이 책은 발간되자마자 베스트셀러가 되었다. 공쿠르상이 아직 존재하지 않았지만 유명한 시인들이 그를 칭송했다. 조아생 뒤 벨레Joachim Du Bellay, 피에르 드 롱사르Pierre de Ronsard 등 많은 시인이 그에게 시를 바쳤다. 테베의 여행기에 영감을 받은《애인아, 보러 가자, 장미꽃이……Allons voir si la rose》의 저자 롱사르는 1560년에 발표된《두 번째 시집Second livre de poèmes》에 다음과 같은 시를 썼다.

"나는 빌가뇽이 당신의 이름을 심어놓은

남극에 도착하려고

세상을 버리고 싶지 않고

내 삶을 운에 걸고 싶지도 않네.

하지만 해군으로 파도와 바람에 맞서

세상을 누비기에 연약한 나를

영악한 행운이 버릴 것이고

선미 위에 앉은 절절한 감동이 나와 함께 올 것이네."

1560년에 테베는 왕의 천지학자로 임명되었다. 근사한
직함이 아닐 수 없다. 천지학은 천문학과는 아무런 관련이 없

배신자 롱사르

롱사르는 《앙구무아 출신인 앙드레 테베에게 바치는 서정시_Ode á_
André Thévet, angoumoisin》(《오드 시집_Les Odes_》 제23권)에서도 테베에게
경의를 표했다.

"이아손이

사랑에 빠진 젊은 공주를

실망시켜서 그토록 많은 영광을 받았다면

동서남북으로 다니며

위대한 세상과

백인과 흑인을 본

테베는 얼마나 많은 명예와

총애와 영광을

프랑스에서 누려야 하는가."

그러나 롱사르는 마지막에 가서 테베의 이름을 또 다른 여행가인 피
에르 벨롱_Pierre Belon_의 이름으로 바꿔버렸다. 배신자 같으니라고!

고 공식 지리학자 같은 것이다. 17년 동안 여행을 했으니 그가 이 자리를 맡을 만하다. 테베는 경험 많은 세계 여행가였고 카트린 드 메디시스Catherine de Médicis의 부속사제였다. 테베는 발이 꽤 넓었던 모양이다.

환상 여행기

테베는 1575년에 《저자가 본 놀라운 것들의 그림이 삽입된 앙드레 테베의 세계 천지학La cosmographie universelle d'André Thévet, illustrée de diverses figures des choses plus remarquables vues par l'auteur》을 발표했다.

그런데 이 책이 발간되자 테베는 안타깝게도 사방에서 비난을 받았다. 그의 글이 사실적이지 않다는 이유였다. 물론 그가 조금 덧붙이기는 했지만 거짓말쟁이라는 소리까지 듣다니…….

솔직히 그가 좀 과장한 건 사실이다. 예를 들면 그는 유니콘을 목격했다고 썼다. 이건 좀 너무했다. 차라리 분홍 코끼리를 봤다고 하지. 하지만 그가 봤던 '특별한 것'들을 어느 정도 만들어낼 필요가 있었다. 앙브루아즈 파레Ambroise Paré처럼 테베도 상상력을 조금 발휘한 것뿐이다. 파레는 반인반

어인 물고기 사제(!)를 봤다고 했다. 그가 '바다의 사제'라고 도 불렀던 이 생명체는 지느러미가 사제복처럼 생겼다고 했 다. 유명한 의사였던 파레는 1593년에 테베의 책에 나온 그 림들을 차용해 《괴물들과 초자연적인 생명체들*Des monstres et prodiges*》이라는 책까지 발표했다. 테베는 그의 책에서 '캉프 뤼슈camphruch'라는 생명체에 대해 기술했다. 네 발 달린 암사 슴 크기의 이 유니콘은 풍성한 갈기까지 지녔지만 양서류이 다. 이마에는 칠면조의 벼슬에 해당하는 뿔이 달려 있다. 테 베는 이 뿔이 훌륭한 해독제라고 주장했다. 뻥쟁이 테베.

테베는 그의 우화와 환상 이야기, 그의 주체 못할 상상력 과 허영 때문에 동시대인들에게 수많은 비난과 공격을 받았 다. 그는 자신이 캐나다에 대한 글을 쓴 최초의 저자라고 허

앙드레 테베가 '관찰했다'는 전설의 동물 캉프뤼슈. 울리세 알드로반디의 동물우화집 《몬스 트로룸 히스토리아(1642)》

풍을 떨었지만 사실 자크 카르티에에게서 영감을 받았다. 테베는 출처를 밝히지 않고 "나의 가장 친한 친구" 또는 "나의 친밀하고 특별한 친구"라고만 말했다.

테베를 사기꾼이나 표절 작가로 치부할 수도 있다. 게다가 대필자가 있었을지도 모른다. 하지만 자비를 베풀자. 때는 계몽의 시대가 오기 전인 16세기였고 테베는 아무것도 없이 시작해서 홀로 노력하여 역사에 기여한 수도사였다. 그는 평범하지 않은 영웅이자 거짓말 잘하는 탐험가였다. 우리는 그저 진실과 거짓만 가리면 된다. 브라질과 사랑에 빠진 현대 프랑스 작가 질 라푸즈Gilles Lapouge는 《적도Équinoxiales》에서 테베를 '환각에 빠진 자'로 표현했다.

> "그는 최면에 걸린 학자였다. 최면에 걸려 앞으로 나아간 것이다. 그런 그의 광기는 우리에게 시사하는 바가 있다. (⋯) 그는 지칠 줄 모르는 지성인이었다. 탐식가나 어린아이 같은 사람. 그는 경이로운 것, 동화, 괴물과 불가사의의 시대를 동경했다."

조금 가혹한 평가가 아닐까. 사실 라푸즈는 테베의 경쟁자 중 한 명이었던 장 드 레리Jean de Léry(1536~1613)의 팬이다. (참고로 테베는 장-크리스토프 뤼팽Jean-Christophe Rufin이 쓴 아름다운 소설《붉은 브라질Rouge Brésil》의 주인공이다.)

콜럼버스, 담배 한 대 태우겠소?

테베 외에도 담배를 관찰한 사람들이 있었다. 캐나다에 발을 들여놓은 최초의 유럽인이었던 자크 카르티에는 1535년에 캐나다에 두 번째로 갔을 때 원주민들에 대해 다루면서 이렇게 적었다. "그들에게는 겨울을 대비해 여름에 높게 쌓아두는 풀이 있다." 그 이전인 1518년에 에르난 코르테스가 카를 5세에게 담배 씨앗을 보냈다고 전해진다.

크리스토퍼 콜럼버스도 1492년에 쿠바에서 원주민들이 담배를 피우는 모습을 봤다. "많은 사람이 남녀 가릴 것 없이 손에 불을 붙인 풀을 들고서 마을로 돌아가 관습대로 풀의 연기를 마셨다."

그로부터 몇 년 뒤에 아메리카 원주민을 옹호한 역사가이자 사제인 바르톨로메 데 라스 카사스(1484~1566)는 이렇게 썼다. "그것은 마른 잎으로 싼 말린 풀이다. 성신강림 축일에 남자들이 종이로 만드는 폭죽 모양이다. 한쪽 끝에 불을 붙이고 반대쪽 끝을 빨거나 숨을 들이마시며 연기를 몸속으로 보낸다. 연기가 들어가면 잠이 들고 거의 취한 상태가 된다. 그러면 그들은 피곤을 느끼지 않는다고 말한다. 이 폭죽, 또는 어떻게 부르든 상관없는 그것을 원주민들은 담배라고 부른다."

테베를 비난한 사람 중에 마르탱 퓌메Martin Fumée라는 사람이 있었다. 그는 작가였는데 테베의 책이 거짓말투성이라고 평가했다. 그의 성 퓌메는 프랑스어로 '연기fumée'라는 뜻이니 그걸 의식했다면 담배를 들여온 테베를 비난하지는 못했을 텐데…….

테베가 죽고 오랜 세월이 지난 20세기에 와서야 사람들은 테베의 말을 조금 믿어주기 시작했다. 아주 조금. 사실 자크 카르티에나 크리스토퍼 콜럼버스의 이름은 들어봤어도 테베의 이름에 감흥을 받는 사람은 없을 것이다. 민족학자들은 테베의 자질을 인정했고, 아메리카 대륙의 여러 지역을 다니면서 만난 원주민들의 풍습에 진심으로 관심을 기울였던 테베가 최초로 '야생의 사고'에 대해 이해한 사람 중 하나라고 보는 학자들도 생겼다.

테베는 1584년에 《유명한 인물들의 진짜 초상과 삶Vrais portraits et vies des hommes illustres》이라는 책을 8권으로 펴냈다. 그는 이 책에서 콜럼버스, 베스푸치, 마젤란 등 새로운 땅을 발견한 탐험가들뿐 아니라 아메리카 대륙의 군주들에 대해서도 소개했다. 아즈텍, 잉카, 투피, 플로리다의 사투리와, 파타곤의 군주들뿐 아니라 식인종 군주까지 다루었다. 다양한 출신의 사람들을 평등하게 대한 그의 방법론을 칭찬하자.

테베 vs. 니코

이제는 조금 더 식물학적 관심사로 돌아오자. 테베가 브라질에서 가져온 듣도 보도 못했던 식물인 담배 말이다. 테베는 카사바, 파인애플, 바나나 등 흥미로운 식물들을 많이 관찰했는데 담배에 관해서는 다음과 같이 묘사했다.

"그들이 '페툰'이라고 부르는 풀의 또 다른 특이점은 여러 방면으로 특효가 있어서 매일 몸에 지니고 다닌다는 점이다. 이 풀은 유럽의 앙쿠사와 닮았다. 원주민들은 이 풀을 정성껏 뜯어서 작은 오두막의 그늘진 곳에 두고 말린다. 풀의 사용법은 다음과 같다. 원주민들은 마른 풀을 조금 집어 큼직한 야자수 잎에 넣고 기다란 양초처럼 만다. 그리고 한쪽 끝에 불을 붙이고 피어오르는 연기를 코나 입으로 마신다. 원주민들은 연기가 머릿속에서 쓸데없는 생각을 날려버리는 데 좋다고 말한다."

테베가 말하는 풀은 분명 담배다. 테베는 뒤에 이렇게 덧붙였다.

"나는 이 식물의 씨앗을 프랑스에 최초로 가져왔으며 처음으로 씨앗을 심어서 '앙구무아의 풀'이라는 이름을 붙인 사람이었다고 자부한다. 그런데 여행을 한 번도 하지 않았던 어떤 자가 내가 귀국한 지 10년 정도 지난 때에 이 식물에 이름을 붙였다."

그 어떤 자가 바로 장 니코였다. 장 니코는 포르투갈 주재 프랑스 대사였다. 그는 아메리카 대륙의 플로리다에서 돌아온 플랑드르의 상인을 만나서 담배 씨앗을 몇 개 받은 것으로 전해진다. 그는 담배를 관상용 식물로 길렀다. 얼마 지나지 않아 담배에 의학적인 온갖 효능이 있다는 소문이 돌았다. 장 니코는 1561년에 편두통으로 고생하는 카트린 드 메디시스에게 담배를 선물했다. 프랑수아 드 기즈 공작은 담배를 니코티안Nicotiane이라 명하고 '대사의 풀'이라고 별칭하기도 했다. 모든 공은 장 니코에게 돌아간 셈이다.

테베도 식물학 분야에서 어느 정도 보상을 받기는 했다. 그는 책에서 열대 관목 테베티아 페루비아나에 관해 기술한 적이 있다. "열매에 치명적인 독이 있는 이 나무는 키로 따지면 우리의 배나무만하다. (…) 나무를 자르면 악취가 난다." 그는 원주민들이 이 나무의 열매를 가톨릭 교회에서 보면 깜

앙드레 테베의 《남쪽 프랑스의 특별한 것들(1557)》에 삽입된 테베티아 페루비아나의 판화

짝 놀랄 방법으로 쓴다고 설명했다. "하찮은 이유로 아내에게 화가 난 남편은 아내에게 열매를 먹인다. 아내도 마찬가지로 남편에게 열매를 먹인다."

린네는 테베티아라는 이름의 속을 만들고 테베가 말한 이 식물을 테베티아 아호바이*Thevetia ahouai*라고 명명했다. 담배의 경우 테베가 가져왔던 종과 니코가 받았던 종은 다르다는 것을 확실히 해두자. 테베의 담배는 니코티아나 타바쿰

*Nicotiana tabacum*이고 니코의 담배는 니코티아나 루스티카 *Nicotiana rustica*이다.

악마와 담배

담배가 어떻게 생겨났는지 아는가? 플랑드르 지방에서 전해 내려오는 전설에 따르면, 옛날 옛적에 한 농부가 새로 작물을 심은 밭을 따라가다가 손에 이상한 풀을 든 악마를 만났다. 놀란 농부는 그 풀이 무엇이냐고 악마에게 물었다. 그러자 악마가 대답했다. "알고 싶어 못 참겠지? 그렇다면 사흘을 줄 테니 이 풀의 이름을 맞혀 봐. 만약 답을 맞히면 이 밭은 모두 네 것이 될 거야. 하지만 답을 맞히지 못한다면 네 영혼은 내가 가져가지." (순진한) 농부는 겁을 집어먹었다. 어떻게 답을 맞히지? 그에게는 도움이 될 만한 식물도감 같은 책도 없었다. 농부는 아내가 기다리는 집으로 돌아갔다. 젊고 아름다운 아내는 똑똑하기도 아주 똑똑했다. 농부는 아내에게 악마와 만났던 얘기를 들려주었다. 그러자 아내는 밭에서 악마를 만나는 일이 마치 매일 일어나는 일인 양 대수롭지 않다는 목소리로 물었다. "그게 다예요? 걱정 말아요. 제가 다 알아서 할게요." 농부는 아내의 반응에 깜짝 놀랐다. 농부

셰익스피어의 담배 파이프에 관한 특종

위대한 시인이자 극작가였던 윌리엄 셰익스피어는 파이프 담배를 피우는 사람이었다. 1585년에 탐험가 월터 롤리Walter Raleigh가 버지니아에서 영국으로 처음 들여온 담배는 그 시절 유행하던 품목이었다. 롤리는 불평불만자여서 나중에 처형당했다. 그는 존 레넌도 화나게 만들었는데, 레넌은 자신이 담배에 중독된 건 다 월터 롤리 때문이라고 했다. 비틀스의 전 멤버였던 그는《나는 너무 피곤해요I'm so tired》에서 이렇게 노래했다.

"내가 아무리 피곤해도

난 담배를 또 피우면 돼요.

그리고 월터 롤리 경을 저주하겠죠.

그는 정말 어리석은 놈이에요."

레넌이 담배에만 손댄 게 아니라는 사실을 모르는 사람은 없을 것이다. 그런데 셰익스피어도 대마초를 피웠던 게 아닐까? 프리토리아의 한 고인류학자가 셰익스피어의 담배 파이프에 남은 찌꺼기를 분석했다. 400년 전에 사용됐던 파이프에서 추출한 표본 24개를 분석했더니 8개의 표본에서 대마초의 흔적이 나왔고, 그중 2개에서는 코카인의 흔적도 나왔다. 2015년에《남아프리카공화국 과학저널South African Journal of Science》에 발표된 이 연구 결과는 셰익스피어가 마약 복용자였음을 증명했다.

는 뜬눈으로 밤을 새웠지만 다음 날 아침 아내는 평소처럼 행동했다. 그리고 점심을 먹자마자 갑자기 옷을 벗어버리고 맨몸이 되었다. 그러더니 남편에게 침대를 찢어서 속에 있는 깃털을 몸에 붙여달라고 했다. 아내는 그런 모습으로 밭으로 가서 악마를 만났다. 악마는 소리를 질렀다. "이런 망할! 새잖아?! 내 담배 밭에서 썩 나가지 못해!" 새는 즉시 밭을 떠났다. 이렇게 해서 풀의 이름을 알게 된 농부가 악마에게 찾아와 답을 말했더니 자신이 힌트를 줬다는 사실을 까맣게 모르는 악마는 붉으락푸르락 화를 내며 사라졌다. 이렇게 해서 최초의 담배 밭이 생긴 것이다.

옛 네덜란드 사람을 플랑드르 사람이라고 불렀는데, 네덜란드 사람들이 담배만 피우는 게 아니라는 사실을 안다면 이 터무니없는 우화를 만든 사람이 헛소리를 했다는 걸 알 수 있다. 이야기의 교훈이라고 해봤자 악마는 바보 같고 플랑드르 농부의 아내는 아주 똑똑하다는 것뿐이다.

애연가들이여, 이제 담배를 피울 때마다 우리의 모험가 수도사 앙드레 테베를 생각해주길. 그가 없었다면 당신은 여자를 꾀어내려고 담배 권하기, 흡연 퇴치법에 대해 분노하기, 바깥에서 덜덜 떨며 담배 피우기, 담배 값 인상에 절망하기, 금연 패치의 효능에 대해 의문 던지기, 계단을 헐떡거리며 오르기, "제 폐 엑스레이에 보이는 작은 점들은 뭐죠?"라고 묻기 등 담배와 관련된 그 모든 기쁨을 누리지 못했을 것이다. 아무튼 (꾀어내고 싶은) 여자에게는 주저 말고 롱사르식으로 물어라. "제가 당신에게 앙구무아의 풀을 권해도 될까요?"

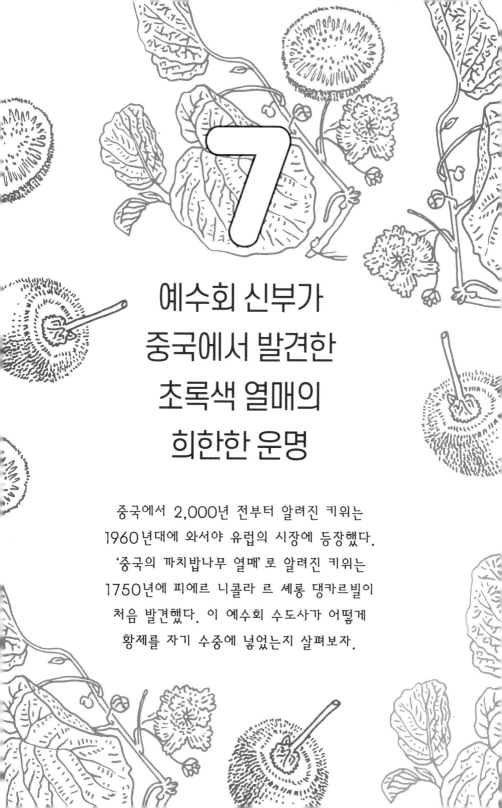

7

예수회 신부가
중국에서 발견한
초록색 열매의
희한한 운명

중국에서 2,000년 전부터 알려진 키위는
1960년대에 와서야 유럽의 시장에 등장했다.
'중국의 까치밥나무 열매'로 알려진 키위는
1750년에 피에르 니콜라 르 셰롱 댕카르빌이
처음 발견했다. 이 예수회 수도사가 어떻게
황제를 자기 수중에 넣었는지 살펴보자.

악티니디아 키넨시스

Actinidia chinensis Planch.

오늘날 키위는 우리에게 친숙한 과일이어서 아주 오래전부터 먹어왔다는 생각이 들 수 있다. 겨울에 비타민이 풍부한 키위를 먹는 걸 좋아하는 사람이 많을 것이다. 약간의 신맛과 즙이 풍부한 질감도 즐길 것이다. 털이 많아 보통 깎아 먹는 것이 좋다. 사실 키위는 우리의 식탁에 비교적 최근에 올라온 과일이다.

키위는 중국이 원산지이고 덩굴식물의 일종인 다래나무의 열매이다. 그렇다. 키위는 덩굴식물이다. 중국에서는 '미후도' 또는 원숭이들이 좋아해서 '원숭이의 복숭아'라고 부른다. 다래나무는 다래나무과*Actinidiaceae*와 다래속*Actinidia*에 속하고, 60여 종이 있다. 악티니디아라는 이름은 영국의 식물학자 존 린들리John Lindley(1799~1865)가 붙인 것이다. 그리스어에서 파생된 '악티스Actis'는 암술대가 바퀴의 살을 닮았다고 해서 '살'을 뜻한다. 이런 사실을 알게 되어 기분이 좋아진 당신은 아마 키위 꽃을 예전과는 다르게 볼 것이다. 현재 주로 재배되는 종은 악티니디아 키넨시스Actinidia chinensis와 악티니디아 델리키오사Actinidia deliciosa이다. 악티니디아 키넨시스는 중국이 원산지이고 악티니디아 델리키오사는 이름처럼 달콤하다. 사실 악티니디아 키넨시스도 달콤하고 악티니디아 델리키오사의 원산지도 중국이다. 이 두 종은 아주 오래전부터 양쯔강 계곡에서 자랐다. 중국인들은 열매를 따서 먹기도 했지만 열매로 종이 풀을 만들기도 했다.

중국을 좋아한 탐험가 수도사

키위가 프랑스의 예수회 수도사 피에르 니콜라 르 셰롱 댕카르빌Pierre Nicolas Le Chéron d'Incarville에 의해 발견된 것은 1750년의 일이다. 또다시 식물학에 빠진 성직자가 나타났다. 이쯤에서 선교에 나선 사제들이 자연학의 역사에 중요한 역할을 했다는 사실을 강조해야겠다. 세상 끝으로 떠났던 그들은 지식의 전파에도 큰 역할을 했던 것이다.

댕카르빌은 시종의 아들로 1706년에 프랑스 루비에에서 태어났다. 그는 루앙에서 학업을 마치고 1727년에 파리의 수련소에 들어갔다. 그 이후 퀘벡으로 가서 문학을 가르쳤고 1735년에 귀국해서 신학을 공부했다. 그때 예수회 수도사장–바티스트 뒤 알드Jean-Baptiste Du Halde(1674~1743)를 알게 되었다. 뒤 알드가 쓴《중국과 타타르의 지리, 역사, 연대기, 정치, 자연에 관한 기술Description géographique, historique, chronologique, politique et physique de l'empire de la Chine et de la Tartarie chinoise》은 중국에 머문 예수회 선교사들의 증언을 토대로 쓴 책으로 그 당시 꽤 큰 반향을 일으키며 유럽인들이 중국에 대해서 갖는 이미지 형성에 영향을 미쳤다. 이 베스트셀러는 금세 영어, 독일어, 러시아어로 번역되었다. 댕카르빌은 중국의 식물에 관한 꼭지를 열심히 읽고 중국에 갈 꿈을 꾸었다. 그는 중국을 탐험한 최초의 유럽인 중 한 사람이 된다. 댕카르빌은 린네의 분류 체계를 배우고 쥐시외와 그의 친구들을 자주 만났으며 과학원 회원들과 화학을 공부했다.

1740년 1월 19일에 그는 드디어 로리앙에서 르 자종호에 올랐다. 수마트라, 말라카, 세인트 자크만(베트남의 붕따우)을 거쳐 최종 목적지인 중국으로 갈 예정이었다. 황홀한 여행이 시작된 것이다.

광저우에 잠시 머물렀을 때 댕카르빌은 중국어를 배웠고 다시 베이징으로 출발했다. 그리고 베이탕구에 있는 프랑스 예수회 기숙사에 들어갔다. 그곳에서는 그의 상관이자 뛰어난 시계공이었던 샬리에Chalier, 견문이 뛰어난 천문학자 앙투안 고빌Antoine Gaubil, 황실 초상화 화가인 장–드니 아티레 Jean-Denis Attiret, 천문학자이자 인구학자로 최초로 중국의 인구에 대한 정확한 통계를 냈던 페르디난트 아우구스틴 할레르슈타인Ferdinand Augustin Hallerstein(할레르슈타인의 연구는 1779년에 유럽에 알려졌다. 그는 중국의 인구가 1억 9,821만 4,553명이라고 했는데, 알다시피 그 이후로 좀 올랐다.), 예수회 선교사이자 중국 황실에서 총애하는 화가였던 주세페 카스틸리오네Giuseppe Castiglione 등 대단한 인물들이 그를 맞아주었다. 그야말로 쟁쟁한 인물들의 모임이었다.

그러나 중국 체류가 처음부터 쉽지는 않았다. 건륭제가 선교사들을 탐탁지 않게 여겼기 때문이다. (교황 베네딕토 14세가 중국의 전례를 비난했다는 사실을 상기하자.) 그러나 댕카르빌은 아랑곳하지 않았다. 그는 심지어 건륭제의 측근이 되는 데 성공했다.

댕카르빌의 첫 임무는 유리를 가공하는 것이었다. 그러나 자연과학을 선호했던 그는 자신의 열정을 채울 방법을 찾

다래 또는 시베리아 키위

다래속에는 많은 종이 포함된다. 시베리아 키위라는 것도 있는데 다래라고도 한다. 다래의 학명은 악티니디아 아르구타*Actinidia arguta*이다. 다래는 영하 25도에서도 자라는 튼튼한 종이다. 극동 지방 전역에서 자라고 지금은 유럽에서도 재배된다. 키위보다 크기가 더 작지만 털이 없어 껍질째로 먹어도 된다. 비타민C도 풍부하다. 다래보다 더 작고 단단한 열매인 쥐다래*Actinidia kolomikta*라는 것도 있다. 중국, 한국, 일본, 러시아, 아무르강 유역에서 자란다. 유럽에서는 식용이 아니라 붉고 푸른 잎 때문에 관상용으로 소비된다.

았다. 그 당시 건륭제는 자금성의 북동쪽에 있는 아궁인 원명원을 정비하는 데 열을 올리고 있었다. 자금성 밖으로 나가는 것이 금지되었던 댕카르빌은 궁내에서 어렵게 식물을 채취해야 했다.

훌륭한 건축물과 아름다운 예술 작품들 (특히 아티레와 카스틸리오네가 그린 그림들) 외에도 멋진 정원도 정비했다. 게다가 원명원이라는 이름은 '완벽한 빛의 정원'이라는 뜻이기도 하다. 건륭제는 말하자면 중국의 베르사유궁을 원했지만 원명원은 1860년에 프랑스와 영국 연합국에게 약탈되고 화재에 소실되고 말았다.

유럽의 아름다운 식물들이 원명원에 완벽하게 어울릴 것은 자명했다. 자신이 원하는 것을 분명히 알고 있던 댕카르빌은 파리에 있는 베르나르 드 쥐시외에게 편지를 보내 식물을 좀 보내달라고 부탁했다. 그는 황제가 좋아할 만한 식물들을 요청했고 그 식물들을 기를 방법도 알고 싶어 했다. 그가 염두에 두었던 식물은 양귀비, 튤립, 카네이션, 수선화, 바질, 수레국화, 한련, 제비꽃 등이었다. 그는 편지에 "황제가 다채로운 색에 먼저 끌릴 것이고, 그다음에는 다양한 열매와 씨앗에 매료될 것입니다. 그때 황제께 제가 식물에 대해 소개할 기회를 얻게 될 것입니다."라고 썼다. 꽃으로 황제를 주무르려는 영악한 예수회 선교사라니! 하지만 그의 생각은 옳았다. 전략이 들어맞았던 것이다.

이듬해에 댕카르빌은 또 다른 요청을 하려고 다시 편지를 썼다. 이번에는 콜리플라워, 상추, 소리쟁이, 꽃상추 등 야채를 주문했다. 그는 총 16통의 편지를 프랑스에 보내 씨앗을 보내달라고 간청했다. 댕카르빌이 황제를 자신의 손아귀에 넣을 수 있었던 계기는 손으로 만지면 잎이 움직이는 미모사 *Mimosa pudica*를 받았을 때였다. 그다음부터는 식물 채집을 자유롭게 할 수 있었다. 그는 17년 동안 중국의 식물을 열심히 연구했고 런던의 왕립학회와 상트페테르부르크의 과학원에 씨앗들을 보냈다.

댕카르빌은 중국 체류를 마치고 1757년 쉰한 살의 나이에 열병을 앓던 환자에게 병을 옮아 세상을 떠났다. 그는 키위 외에도 회화나무와 가죽나무 등 새로운 식물종을 유럽에 들여왔다. 가죽나무는 '냄새 나는 물푸레나무'라는 별명으로 불리기도 했다. 댕카르빌이 가죽나무의 씨앗은 안 보냈으면 좋았을 것을. 현재 이 나무가 프랑스와 뉴질랜드 등 여러 나라에서 재래종을 위협하는 침입종으로 활약하고 있기 때문이다. 댕카르빌은 가죽나무를 누에를 기르는 데 쓰는 중국인들을 보고 누에에 관한 글을 발표하기도 했다.

최초의 키위 표본

누에는 내버려두고 우리의 주제인 키위로 돌아오자. 앞으로 살펴보겠지만 키위는 설치류의 이름으로 불리기도 했다(동물학 쪽으로 분위기를 바꿔 보자).

댕카르빌은 1740년 말에 중국에 도착해서 마카오에서 (열매가 달리지 않은) 다래나무의 표본을 채취했다. 그리고 그 표본을 프랑스의 식물학자 베르나르 드 쥐시외(1699~1777)에게 보냈지만 즉각적인 관심은 받지 못했다. 그래서 키위의 역사는 한동안 대기 상태로 머물렀다. 댕카르빌은 메모에 나뭇가지 몇 개를 물에 넣고 끓여서 종이를 만드는 데 쓴다고 적었다. 그러니 그때까지는 미뢰가 자극받을 일이 없었다. 그러다가 100년이 지난 1847년에 프랑스의 식물학자 쥘 에밀 플랑숑Jules Émile Planchon이 다래나무의 특징을 기술하고 악티니디아 키넨시스로 명명했다.

그가 참고한 표본은 댕카르빌의 것도 아니었다. 바로 차도둑 로버트 포춘이 남긴 표본이었다. 포춘은 1845년경 중국이 어지러울 때 상하이 남부에서 표본 몇 개를 채취했다. 하지만 그도 열매는 보지 못했다.

다래나무의 열매를 처음 본 사람은 아일랜드의 중국 전문가이자 탐험가인 어거스틴 헨리Augustine Henry(1857~1930)였다. 그도 식물에 미쳐 있던 사람이었다. 이 식물 사냥꾼은 식물이 건강을 유지해줄 열쇠라고 믿었다.

"나의 채집 활동은 나를 정신적으로나 육체적으로 건강하게 해주는 운동이다."

건강해지고 싶다면 어거스틴의 충고에 귀를 기울여라. 식물학을 공부하는 것이 헬스장에 등록하는 것보다 싸게 먹힐 것이다. 어거스틴도 중국을 돌아다니면서 열매를 채집하고 알코올에 담가서 1886년에 런던의 큐왕립식물원에 보냈다. 그는 다래나무의 열매가 '대단한 획득'이라고 썼으니 아마 최초로 키위의 경제적 장점을 예감한 사람일 것이다. 얼마 뒤에 유명한 식물 사냥꾼 어니스트 헨리 윌슨Ernest Henry Wilson(1876~1930)이 키위를 채집했다. 다래나무는 1904년에 영국의 유명한 원예 가문인 비치Veitch 가의 묘목 카탈로그에

잠들기 전에 키위 1개

비타민이 풍부한 것으로 유명한 키위는 잠이 잘 오게 하는 데에도 탁월하다. 타이페이 대학교의 연구자들은 2011년에 수면 장애를 가진 24명의 지원자를 대상으로 실험을 수행했다. 결과는 고무적이었다. 잠들기 전에 키위 2개를 먹으면 수면 시간이 13퍼센트 길어졌다. 잠들기까지 걸리는 시간도 35퍼센트나 줄었다. 아마도 키위에 함유된 산화 성분과 세로토닌 때문일 것이다. 불면증이 있다면 손해 볼 것도 없으니 한번 시도해보시길.

등장했다. 그러나 다래나무는 기대했던 만큼 성공하지 못했다. 프랑스에도 역시 선교사이자 식물학자였던 폴 기욤 파르주Paul Guillaume Farges(1844~1912) 덕분에 중국에서 키위 씨앗이 들어왔다. 이후 1898년에 빌모랭과 슈노 묘목장에서 처음으로 재배되었다.

지금은 키위라고 부르지만 그 시절에는 다래나무를 악티니디아라고 불렀고 키위라고 하는 사람은 아무도 없었다. 그러니 키위의 인기가 많았다고 할 수는 없을 것이다. 이어지는 키위의 모험을 따라가기 위해 이번에는 뉴질랜드로 날아가 보자.

스코틀랜드 교회는 1878년에 후베이성에 선교단을 설치하기로 하고 선교 사업을 도와줄 지원자들을 찾기 시작했다. 그렇게 해서 3명의 뉴질랜드 여성이 중국에 도착했다. 그중 케이티 프레이저Katie Fraser에게는 여학교에서 교사로 재직 중이던 이사벨Isabel Fraser이라는 동생이 있었다. 이사벨은 케이티를 찾아와 몇 달 동안 중국에 머물렀고 1904년에 몇 가지 기념품을 가지고 뉴질랜드로 돌아갔다. 이사벨은 여행 가방에 다래나무 씨앗 몇 개를 넣어두었다. 이 씨앗은 앞에서 말한 영국인 윌슨이 채집한 씨앗이었다. 이렇게 해서 네덜란드 수녀의 여동생이 가져온 씨앗이 오늘날의 키위 산업의 시초가 되었다.

　뉴질랜드인들은 다래나무를 성공적으로 재배했다. 이사벨 프레이저는 알렉산더 앨리슨Alexander Allison에게 씨앗을 가져다주었고 앨리슨은 1910년에 열매를 보았다. '중국의 까치밥나무'로 불린 다래나무의 재배는 1930년대와 1940년대에 크게 발달했다. 처음 재배된 변종 중 하나는 묘목업자의 이름을 딴 '헤이워드'이다. 1940년에 프랑스에는 키위가 거의 알려지지 않았지만 뉴질랜드에서는 2,700곳에서 이미 키위를 재배하고 있었다.

냉전과 새의 이름

　1959년에 뉴질랜드는 미국 시장을 점령할 포부를 품었다. 하지만 그때는 냉전이 한창이던 시절이었다. '중국의 까치밥나무' 열매를 미국인들에게 판다는 건 상상할 수도 없는 일이었다. 공산주의 과일이라니! 미국인들의 의심을 살 만한 이유는 또 있었다. 진짜 까치밥나무는 곰팡이 병에 자주 걸렸기 때문에 '중국의 까치밥나무'를 들여와 위험을 감수하고 싶지 않았다. 서양까치밥나무와는 아무런 관련이 없는데도 말이다.

따라서 푸른 열매에 새 이름을 붙여야 했다. 뉴질랜드인들은 처음에 '멜로네트'를 생각해냈다. 하지만 그 당시에는 멜론에 관세가 어마어마하게 붙었으니 그리 좋은 아이디어는 아니었다. 결국 열매가 (상상력을 조금만 보태서 오동통하고 털이 난 모습이 비슷하니) 뉴질랜드를 상징하는 새를 닮았다는 결론을 내린 뉴질랜드인들은 키위라는 새로운 이름을 찾았다.

냉전 때문에 아무 죄도 없는 과일이 결국 새의 이름을 갖게 되었다는 사연이다. 이 이름을 지은 사람은 캘리포니아 출신의 생산자인 프리다 캐플랜Frieda Caplan이었고 터너스 & 그로어스라는 뉴질랜드 회사가 바로 이름을 사용하기 시작했다.

혹자는 마오리족이 '키위키위'하며 운다고 키위라고 부

숫자로 본 키위

전 세계 키위의 연간 생산량은 200만 톤에 이른다. 프랑스인들은 1년에 10억 개의 키위를 먹는다. 주요 생산국은 중국, 이탈리아, 뉴질랜드이다. 칠레, 그리스, 프랑스가 그 뒤를 잇는다. 놀랍게도 키위(새)의 나라 뉴질랜드는 3위이고 야생 키위만 수확하던 중국에서 키위 생산이 폭발적으로 증가했다.

른 새를 기념하기 위해 키위라는 이름을 붙였다고도 한다. 키위의 학명인 압테릭스 아우스트랄리스*Apteryx australis*라고 부르지 않은 것은 다행이다.

이렇게 해서 키위는 (1904년에 아무도 관심 없었던 공연을 마치고) 캘리포니아에 다시 상륙했다. 키위 재배지가 늘어났고 키위는 섹시한 과일, 미래의 식물로 판매되었다.

그다음에는 유럽에서 재배가 크게 증가했다. 프랑스에서는 키위를 '식물 쥐'라고 불렀다. 아마 모양이 조류보다는 설치류와 가깝다고 생각했기 때문이리라. 이 생각이 맞는지는 고양이들이 답해줄 듯하다. 아무튼 키위는 걱정 없이 마음껏 딸 수 있으니 쥐덫을 놓을 필요는 없다. 이탈리아 사람들도 건강에 좋다는 이 과일을 무척 좋아해서 이탈리아는 유럽에서 키위의 최대 생산국이 되었고 세계에서도 키위 생산으로는 상위권에 속한다.

현재의 키위

키위의 대서사시는 아직 끝나지 않았다. 50년 전만 해도 서양에서는 전혀 알려지지 않은 과일이었는데 말이다. 오랫동안 중국에서 사랑받은 과일이 유럽에서 전성기를 누리고 있다는 사실이 참 흥미롭다. 유럽인들은 남아메리카에서 들여온 토마토, 감자, 고추만 생각하지만 중국에서 온 식물 키위야말로 우리의 식탁에 혁명을 불러일으켰다.

처음에는 헤이워드 종이 큰 성공을 거두었고 지금도 시장에서 우위를 차지하고 있다. 하지만 새롭게 등장한 종도 만만치 않다. 일본에서는 '코료쿠'가 인기가 많고, 프랑스에서는 '중국의 미인'이 사랑받고 있다.

1990년에는 골든 키위가 등장했다. 다른 키위들과 마찬가지로 골든 키위도 활력 충전에 좋다는 것으로 유명하다. 그뿐만 아니라 감기나 독감 증상을 없애는 데도 도움이 된다고 한다. 이건 사실 키위 산업의 재정 지원을 받은 연구 결과이긴 하다. 그렇지만 키위에 비타민C를 비롯해서 좋은 성분이 많이 들었다는 것은 부정할 수 없는 사실이다. 하루에 과일과 채소 5종을 섭취하라는 것은 아무리 강조해도 지나치지 않다.

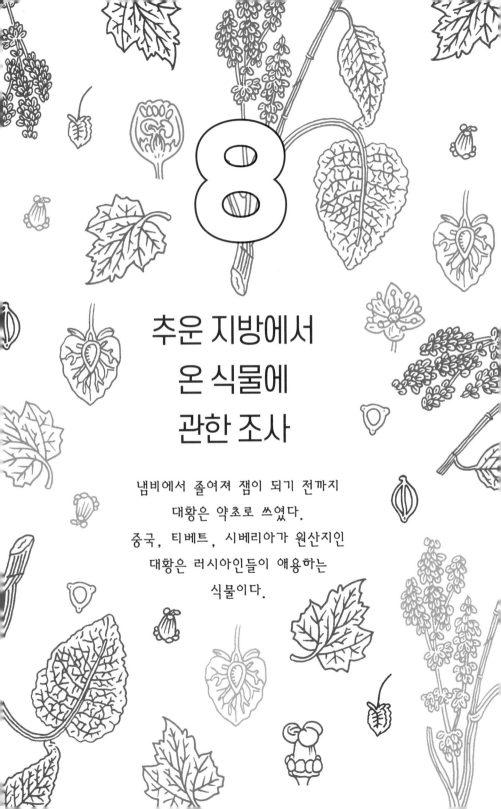

8

추운 지방에서
온 식물에
관한 조사

냄비에서 졸여져 잼이 되기 전까지
대황은 약초로 쓰였다.
중국, 티베트, 시베리아가 원산지인
대황은 러시아인들이 애용하는
식물이다.

약용 대황

Rheum officinale Baill.

'탐험'이라는 말을 들으면 여러 이미지가 눈앞에 스쳐 지난다. 중앙아메리카나 아시아의 빽빽한 열대림, 감자가 자라는 남아메리카의 고원, 신대륙의 여러 식물……. 이상하게 생긴 생명체들이 사는 오스트레일리아의 덤불숲 지대는 또 어떤가. 하지만 시베리아의 오지를 떠올리는 사람은 많지 않을 것이다. 이 꼭지의 출발점은 바로 그곳이다. 여기에서는 딸기보다 섹시하지 않고 세쿼이아보다 인상적이지 않으며 차보다 유용성도 떨어지는 식물에 대해 소개한다. 바로 대황이다. 대황이 얼마나 멋진 역사를 가졌는지는 다 잊어버릴 정도로 지금은 정원에서 흔히 볼 수 있다.

자, 이제 마르코 폴로에서 러시아의 탐험가들에 이르기

까지, 약용과 식용으로 널리 쓰이는 대황과 함께 스텝으로 모험을 떠나자.

신비로운 등장

두꺼운 잎을 지닌 대황은 아주 흔해서 마치 유럽의 채소밭에 언제나 있었던 것처럼 보인다. 타르트를 만들던 우리 선조들이 대대로 좋아했던 유럽의 고유종으로 생각될 정도이다. 하지만 착각은 금물! 대황은 아시아의 오지가 원산지이다. 이 식물은 우리의 정원에 도착하기 전에 중국과 시베리아를 거쳤다. 중국에서는 기원전 2700년부터 대황을 재배하기 시작했다. 대황은 마르코 폴로가 비단길로 들여온 것이라는 주장이 있다. 실제로 마르코 폴로가 《동방견문록》에서 대황을 언급하기는 한다. 간쑤성에 관한 꼭지에서 그는 이렇게 썼다.

"그들의 산에는 대황이 아주 많이 자란다. 상인들은 대황을 사서 세상 곳곳으로 가져간다. 다른 상품은 찾아볼 수 없다."

그렇다고 마르코 폴로가 대황을 자기 백팩에 넣어 왔다는 소리는 아니다. 그가 대황을 본 첫 번째 서양인도 아니었다. 그는 기욤 드 뤼브루크Guillaume de Rubrouck라는 플랑드르어를 구사하는 프란체스코회 선교사의 자취를 뒤쫓았다. 뤼브루크는 1253년에 몽골 제국에서 선교 활동을 했다. 안타깝게도 그는 마르코 폴로만큼 성공을 거두지는 못했다. 아무튼 마르코 폴로보다 먼저 대황을 발견하기는 했다. 그는 한 수도사가 성수에 대황을 담근 것을 보았다고 보고했다.

　1세기 그리스의 의사였던 디오스코리데스Dioscorides가 이미 대황을 언급한 바 있다. 그는 대황이 '터키 너머'에서 왔다고 적었다. 하지만 그가 말한 대황이 같은 종이었을까? 이탈리아의 식물학자 프로스페로 알피니Prospero Alpini는 1608년에 파두아에서 대황을 약초로 재배한 최초의 인물이다. 그러나 현명왕 샤를 5세의 군대가 14세기 유럽에 대황을 들여왔다는 기록도 있다. 아랍인들과 페르시아인들도 대황을 잘 알고 있었고 유럽과 중동에서 대황 장사가 성행했던 것으로 보인다. 어떻게 되었든 대황은 비단길을 통해 운송되었던 것이 분명하다. 비단길은 여러 경로가 있었고 비단만 운송하던 길도 아니었다. 대황로도 있었다.

장에 좋은 약초

    요란한 잎을 자랑하는 대황은 원래 약초로만 쓰였다가 18세기에 와서야 유럽에서 식용으로 사용되기 시작했다. 지금은 대황의 잎도 먹지만 (줄기는 안 먹는다) 약용으로는 뿌리가 사용되었다. 대황은 무엇을 치료했을까? 전문가들의 이야기를 들어보자.

    1717년에 유명한 식물학자 조제프 피통 드 투른포르는 약용 성분을 다룬 자신의 책에서 대황에 한 꼭지를 할애했다. 그는 대황의 추출액을 빗물과 섞어 쓸 수 있다고 적었다. 이걸 보니 설득력이 떨어지는가? 내 생각도 그렇다. 18세기에 약학 대학을 다닌 건 아니니 말이다(20세기에도 안 다녔지만). 설사병이 났다면 다음의 방법을 써보자. 먼저 불에 그을린 대황에 육두구를 갈아 넣고 소량의 붉은 산호와 라우다눔 오피아툼의 씨앗 1개를 넣는다. 마지막으로 마르멜로 열매 젤리와 섞어 먹는다.

    아니면 1806년에 장-에마뉘엘 질리베르Jean-Emmanuel Gilibert가 출간한 《유럽에서 가장 흔하고 유용하며 희한한 식물들의 역사 또는 실용 식물학 개요Histoire des plantes d'Europe les plus communes, les plus utiles et les plus curieuses, ou, Éléments de *botanique pratique*》를 펼쳐 보라. 이 책은 대황의 약효 성분에 대해 언급하고 있다. 질리베르는 상점에서 파는 대황은 "잎의 모양을 봐서 불량"이고 뿌리가 "위를 약하게 하지 않는 유일한 하제"라고 했다. "대황을 빈속에 씹으면 (…) 점액 분비가 촉진된다. 대황의 씨앗을 갈아서 장미와 섞으면 장에서 시작되는 부종을 막는 특효약이 된다." 요약해서 말하자면 대황에는 여러 효능이 있으나 무엇보다 훌륭한 하제로 알려져 있다.

대황에는 다른 장점도 있다. 대황은 과거에 사람들이 많이 찾던 약초였고 지금은 타르트, 처트니, 잼, 시럽, 크럼블 등 주로 요리에 쓰이는 인기 재료다. 대황이 들어간 모히토, 위스키와 섞은 대황 칵테일, 대황을 넣어 구운 푸아그라 등의 레시피도 쉽게 찾을 수 있다.

중국과 러시아 무역의 주인공

요리 재료로서의 대황 이야기는 여기에서 마무리하자. 이 책은 요리책이 아니다. 아니, 당신에게 처트니 레시피를 넘겨줄 생각은 없으니 꿈도 꾸지 마시길. 그보다는 거대한 두 제국이었던 중국과 러시아의 무역 거래에서 대황이 겪었던 역사적이고 낭만적인 모험을 따라가 보자.

때는 18세기. 러시아와 중국의 교역이 활발했다. 러시아
는 모피와 견과류를 팔았고, 중국은 차, 비단, 옷감, 대황을 팔
았다. 히말라야의 지맥에서 수확한 대황은 베이징으로 운반
되어 큰 창고들에 보관되었다. 함부르크의 한 상인은 표트르
대제에게 러시아를 통과하는 대황에 대한 독점 판매권을 사
들여서 독일에서 대황을 약으로 팔았다. 러시아는 중국과 인
접한 도시 캬흐타에 상트페테르부르크의 약사를 파견해서
최상품의 대황을 선별했다. 품질이 떨어지는 대황은 불태워
없애기도 했다. 따라서 중국과 직접 거래하던 네덜란드나 프
랑스(하품의 대황을 중국인들이 그냥 넘길 때가 있었다)가 수입한
대황보다 품질이 더 좋았다. 1649년부터 러시아는 대황에 대
한 독점권을 소유했고 대황은 러시아의 재정에 매우 큰 비중
을 차지하는 수입원이었다.

　　대황에도 종이 많다는 것은 알아두자. 현재 대황속에 속
하는 종은 약 60종이다. 대황의 라틴어 속명 르헤움*Rheum*은
볼가강의 옛 이름인 라*Rha*에서 왔다. 아니면 다뉴브강 너머, 그
러니까 야만족의 땅에서 자라던 르헤우바르바룸*Rheubarbarum*
이라는 대황의 옛 이름에서 파생된 것일 수도 있다.

　　마르코 폴로가 봤던 종은 약용 대황이자 르헤움 오피키
날레*Rheum officinale*이다. 약용 대황은 '중국 대황'으로도 불렸

스스로 물을 뿌리는 대황

대황의 여러 종 중에서 시베리아와 티베트의 산악 지대에서 자라지 않는 종이 하나 있다. '사막의 대황'이라고도 불리는 르헤움 팔라이스티눔*Rheum palaestinum*이다. 이 대황은 요르단과 이스라엘 사이에 있는 네게브사막에서 자생한다. 이스라엘의 오라님 대학교 연구진은 2009년에 이 식물이 스스로 물을 먹는다는 사실을 증명했다. 이 대황의 잎은 얇은 막으로 덮혀 있고 축소한 산맥의 지맥을 닮았다. 이 잎을 통해서 물이 잎부터 뿌리까지 전달된다. 산에서 흘러내리는 급류를 생각하면 이해가 쉽다. 잎이 커서 작은 잎을 가진 식물보다 16배나 더 많은 양을 흡수할 수 있다. 참 놀라운 대황이다.

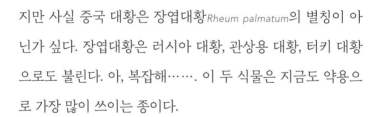

지만 사실 중국 대황은 장엽대황*Rheum palmatum*의 별칭이 아닌가 싶다. 장엽대황은 러시아 대황, 관상용 대황, 터키 대황으로도 불린다. 아, 복잡해……. 이 두 식물은 지금도 약용으로 가장 많이 쓰이는 종이다.

러시아는 1731년에서 1782년까지 대황에 대한 무역 독점권을 유지했다. 몽골과도 맞닿아 있는 무역 도시 캬흐타에 대황 위원회 혹은 '대황청'을 설립할 정도였다. 대황은 고비사막과 바이칼호수를 지나 모스크바까지 운송되었다. 그러다가 1780년대 말에 영국이 대황을 기르기 시작했다. 식물학자 존 호프John Hope와 로버트 딕Robert Dick이 에든버러에서 대황 재배를 시작했다. 상트페테르부르크의 궁정에 살던 제임스 마운지James Mounsey가 씨앗을 보내준 것이다. 그 결과 중국산 대황의 인기가 떨어졌다.

러시아 황제를 위하여

아직 이 꼭지의 주인공인 탐험가에 대해서는 언급하지 않았다. 그는 러시아 대황에 관심을 가졌던 사람이다. 하지만 그게 다가 아니었다. 페터 지몬 팔라스Peter Simon Pallas (1741~1811)는 러시아 제국을 위해 일하던 독일 출신의 자연학자였다. 그럼 처음부터 살펴보자.

팔라스는 1741년에 베를린에서 태어났다. 외과의사였던 그의 아버지는 그에게 여러 언어를 배우게 했다. 그래서 팔라스는 아주 어렸을 때부터 라틴어, 영어, 독일어, 프랑스어로 글을 쓸 줄 알았다. 청소년이 되었을 때에는 여가 시간을 모두 자연과학에 할애했고, 열다섯 살에 이미 동물을 여러 등급으로 분류하는 체계를 고안했다. 이후 그는 의학을 공부했고, 1760년에 레이던 대학교에서 기생충 분류에 관한 논문으로 박사학위를 받았다. (지금까지는 대황과 아무런 관련이 없군⋯⋯.)

팔라스는 그 이후 네덜란드 헤이그에 정착했다. 스물다섯 살에는 산호에 관심을 가졌는데, 사실 산호가 동물이라는 것을 밝힌 것도 25년째 되는 해였다. 그 이전에는 산호가 식물로 알려졌다. 팔라스는 이매패류와 같은 잘 알려지지 않은 동물에 대한 연구도 발표했다. 그러나 독일에서는 선견지명이 있는 사람이 없었던지, 그의 논문들은 조국 독일이 아니라 해외에서 더 관심을 끌었다. 팔라스에게 큰 기회를 준 사람은 러시아의 예카테리나 2세였다. 그 당시에 독일은 교육을 발전시켰지만 과학자들에게 재정 지원을 할 수 없는 실정이었다. 그래서 수학자 야코프 베르누이Jacques Bernoulli와 레온하르트 오일러Leonhard Euler, 발생학의 아버지 카를 에른스트 폰 베어Karl Ernst von Baer, 탐험가 자무엘 고틀리프 크멜린Samuel Gottlieb Gmelin 등 유명한 학자들이 연구를 계속하기 위해 러시아로 떠났다. 표트르 대제가 설립했던 상트페테르부르크 과학원은 그들을 두 팔 벌려 환영했다.

금성과 바이칼호를 보다

팔라스는 어떻게 탐험을 떠나게 되었을까? 그것은 비너

앙브루아즈 타르디가 그린 페터 지몬 팔라스의 초상화

스 때문이었다. 아니, 아름다운 여신 비너스가 아니라 금성 말이다. 1763년에 프랑스는 샤프 도테로슈Chappe d'Auteroche 사제를 토볼스크로 파견해서 금성 일면통과를 관찰하도록 했다. 그런데 사제가 프랑스에 돌아와서 발표한 책에는 빈정거림 투성이라 예카테리나 2세는 화가 치밀대로 치밀었다.

　1769년에 다시 금성 일면통과가 일어날 것임을 알게 되자 예카테리나 2세는 외국인 과학자들의 수를 줄이고 싶어서 과학원의 천문학자들에게 관측을 맡겼다. 또 자연학자들도 보내야 할 것 같아서 팔라스를 불러들였다. 팔라스는 예카테리나 2세의 제안을 기꺼이 받아들였다. 그는 상트페테르부르크에 1년 동안 머물면서 여행을 준비했고 그러는 사이에도 연구를 손에서 놓지 않았다. 그는 시베리아의 대형 사족보행 동물의 뼈에 대한 논문을 써서 수많은 코끼리, 코뿔소, 물소가 시베리아에서 살았다는 것을 밝혔다.

원정대는 1768년 6월에 출발했다. 팔라스는 7명의 천문학자 및 기하학자, 5명의 자연학자와 여러 명의 학생으로 구성된 원정대에 속해서 러시아의 평원을 건넜다. 타타르 부족과 겨울을 났고 유목민들이 카스피해 북부의 소금 사막 사이를 오가는 지역인 우랄강에 들렀으며 카스피해 연안의 구리아에서 머물렀다. 1770년에는 우랄산맥에서 시간을 보내고 광산들도 둘러보았다. 그는 시베리아의 토볼스크를 거쳐 알타이산맥까지 갔다. 여행은 예니세이강 유역의 크라스노야르스크에서 끝났다. 이듬해에 팔라스는 다시 바이칼호를 건너 자바이칼을 지나 중국과의 국경까지 갔다. 1773년 돌아오는 길에 그는 러시아 중앙 지역의 인구에 대해 연구했고 1774년 7월 30일에 상트페테르부르크에 도착했다. 그야말로 대단한 원정이었다.

식물학의 미셸 스트로고프

　팔라스의 여정을 따라가다 보면 쥘 베른의 소설 속에 들어간 듯한 착각이 든다. 팔라스는 자신이 관찰한 것을 매우 상세하게 기록해서 남겼다. 여행길은 무척 고되었다. 특히 매서운 추위에 시달렸다. 6개월이나 지속되는 겨울을 오두막에서 보냈고 흑빵과 증류주로 버텼다. 여름은 아주 짧았지만 찌는 듯 무더웠다. 팔라스는 기력이 쇠하고 고통에 찌들어 서른세 살의 나이에 백발이 되어 돌아왔다. 여행은 청년 팔라스에게 교육적이기도 했지만 몸을 상하게 했다. 팔라스는 기력을 회복해서 그가 관찰한 생물들에 대한 책을 썼다. 러시아의 유명한 동물 중에서 그는 울버린, 검은담비, 시베리아사향노루, 북극곰에 대해서 기술했다. 또 설치류에 대한 두꺼운 책을 썼고 타타르의 사막에 살고 당나귀와 말의 중간 정도 되는 새로운 종에 대해서도 기술했다. 새로운 고양이 종에 대해서도 기술했는데 팔라스는 이 종이 앙고라고양이에서 파생되었다고 생각했다. 그밖에도 수많은 조류, 파충류, 어류, 유충에 대해서도 설명했다. 그는 러시아 제국의 모든 동물과 식물을 망라하는 자연사에 대해서 쓰고 싶다는 큰 계획을 세우기도 했다(결국 2권만 발표했고 미완성으로 남았다). 팔라스가 방대한 저

내게 대황을 주면 네게 센네를 주마

센네는 콩과에 속하는 식물로, 변이 잘 나오게 하는 효능이 있다. 또 그 효능을 이용하기 위해 추출한 성분의 이름이기도 하다. "내게 대황을 주면 네게 센네를 주마."라는 프랑스의 옛 속담은 두 사람이 서로 호의를 베풀며 양보한다는 뜻이다.

프로이센의 프리드리히 2세는 1770년 1월 4일에 볼테르에 대한 찬사를 담은 편지에서 이렇게 썼다.

"당신은 알약을 털어 넣으면 유럽에서 지어지는 그 어느 시보다 좋은 시를 토해냅니다. 나는 시베리아의 대황과 약사가 지어주는 센네를 먹어도《라 앙리아드_La Henriade_》의 시는 지을 수 없을 겁니다."

《시라노_Cyrano de Bergerac_》 제2막 제8장에서 로스탕_Edmond Rostand_은 시라노의 대사를 이렇게 썼다.

"고맙지만 사양하겠소. 한 손으로는 염소의 목을 쓰다듬으면서 다른 손으로는 양배추에 물을 주는 것. 대황을 원해서 센네를 주는 것. 늘 수염 속에 향로를 지니는 것."

브라센스_Brassens_는《오쟁이 진 남편_Léche-cocul_》에서 이렇게 노래했다.

"그 두 바보 같은 놈이

서로 대황과 센네를 주고받을 때

다른 남자들은 그들의 아내를 나눠 가졌네."

프랑스 전 대통령 니콜라 사르코지는 이 표현과 관련해서 실언을 한 적이 있다. 그가 했던 "내게 상추를 주면 네게 대황을 주마."라는 말 때문에 한동안 프랑스 사회가 떠들썩했다. 하지만 정치인들이 항상 실언만 한다는 생각은 금물!

작을 남겼음은 두말할 나위 없다.

팔라스는 여행을 하면서 식물학자가 되었다. 예카테리나 2세는 그가 쓴 《러시아의 식물Flora Russica》이 나무와 관목을 다룬 2권밖에 출간되지 않았지만 그 방대함에 우쭐했다.

팔라스는 지질학에도 중요한 저작을 남겼다. 빙하 시대를 좋아하는 사람들이 좋아할 만한, 시베리아의 뼈 화석에 관한 두 번째 책도 썼다. 그는 동토에서 코뿔소 한 마리의 뼈 전체뿐 아니라 가죽과 살까지 파낸 적이 있다고 적었다. 또 예니세이강 근처에서 1,600파운드에 이르는 거대한 철 덩어리를 관찰했다. 지질학 분야에서는 처음 있는 일이었다. 타타르인들은 철 덩어리가 하늘에서 떨어졌다고 했으니 운석이었던 것이다. 팔라스는 자연과학에 만족을 못했는지 몽골의 여러 부족에 대한 역사도 썼다. 팔라스는 정말 달인 중의 달인이었다.

얼음물에 빠진 팔라스

유럽에서 각광을 받고 상트페테르부르크에서도 존경을 받던 팔라스는 권위 있는 인물이 되었다. 그러나 여행과 야생의 삶에 익숙해진 그에게 도시 생활은 힘에 겨웠다. 한곳에 정착해서 사는 것과 (모험가는 두 다리 뻗고 쉬는 것도 힘들다) 사람들의 잦은 방문에 지친 팔라스는 궁전보다 시베리아 벌판이 더 좋았다. 그는 러시아가 크림반도를 점령한 틈을 타 새로운 땅을 밟아보기 위해 다시 여행길에 나섰다.

　1793년과 1794년에 그는 러시아 제국의 남쪽 지방을 다녔다. 아스트라한에 다시 가봤고 모계 사회 아마존의 전설이 태어날 수 있었던 (갓 결혼한 남편은 1년 동안 밤에만 창문을 통해 집으로 들어가 아내를 만날 수 있었다) 체르케스의 경계 지역을 여행했다. 팔라스는 이곳을 다니다가 작은 사고를 당했다. 여자를 만나러 가다가 창문에서 떨어진 게 아니라 얼음이 언 강가를 살피러 갔다가 얼음이 깨졌던 것이다. 그의 몸이 반쯤 얼음물에 잠겼고 매서운 날씨에 주변에는 도와줄 사람이 아무도 없었다. 그는 겨우 땅으로 기어올라올 수 있었지만 이 사건으로 몸이 쇠약해졌다. 그는 따뜻한 지역에서 통증을 가라앉히고 싶었다. 예카테리나 2세는 그런 그에게 타우리카의 마을 두 곳과 대저택 한 채를 선물했다. 팔라스는 1795년 말에 그곳으로 갔지만 따뜻할 것처럼 보였던 날씨는 변덕스럽고 습했다. 그는 우울해졌지만 그래도 15년 정도 크림반도에서 저술을 하면서 머물렀다. 그는 포도나무 재배 기술을 개량해서 대농장의 주인이 되기도 했지만 이미 그곳에서 마음이 떠났다. 그래서 터무니없는 가격에 땅을 팔고 러시아에 안녕을 고한 후 42년 동안 떠나 있던 고향 베를린으로 돌아갔다. 젊은 자연학자들은 그의 천재성에 감탄했다고 한다(팔라스의 전기에 적힌 내용이다). 팔라스는 1811년 8월 8일, 일흔이 다 된 나이에 세상을 떠났다.

진짜 대황을 찾아서

러시아를 동서남북으로 휘젓고 다닌 팔라스는 그 당시 유럽에서 큰 인기를 끌던 대황에도 관심이 많았다. 당신은 동토에 묻힌 코뿔소나 운석, 팔라스가 발견했다는 고양이 이야기를 더 듣고 싶은지도 모르겠다. 특히 1776년에 팔라스가 최

팔라스고양이(팔라스, 1776년)

초로 기술한 이 고양이는 늘 찡그린 듯한 재미있는 얼굴을 하고 있다. 요즘 유튜브에 고양이 동영상이 인기이니 이 책도 고양이 얘기를 한다면 더 잘 팔릴지 모르겠다. 하지만 대황의 뿌리 이야기를 계속하자. 팔라스는 그의 여행기에서 대황이 부랴트(바이칼 지역)에서 어떻게 소비되는지 소개한 적이 있다.

"부랴트 사람들은 신맛이 나는 대황 줄기를 날것으로 먹어서 갈증을 푼다. 그러나 톡 쏘는 맛이 워낙 강해서 아주 필요할 때만 먹는다. 혀와 입천장을 마비시켜서 하루 정도는 맛을 느끼지 못할 정도이다. 나도 사람들에게 떠밀려서 먹어 본 적이 있다."

갈증을 풀 때는 보드카 한 잔이 목구멍에 훨씬 좋다는 걸 알 수 있다.

예카테리나 2세는 그 당시에는 잘 알려지지 않은 약용 대황에 대해 알아보고 싶었다. 팔라스는 여제의 어려운 질문에 답을 찾으려고 애썼다. 그는 시베리아의 크라스노야르스크 주변 지역에서 대황과 관련된 종에 대해서 조사했다. 그것은 장엽대황이었을까? 아니면 르헤움 페둥쿨라툼*Rheum pedunculatum*? 약용 대황? 르헤움 온둘라툼*Rheum ondulatum*? 식물학자의 존재론적 문제가 아닐 수 없다. 이번 이야기는 참 어렵다. 대황에 대해 알고 싶었던 예카테리나 2세는 나중에 또 다른 식물학자인 요한 시에베르스Johann Sievers를 보냈다. 그러나 시에베르스는 대황 찾기 작전은 제쳐두고 카자흐스탄에서 사과의 조상 말루스 시에베르시Malus sieversii를 발견했다.

결국 팔라스는 시장에서 찾는 '진짜 대황'은 하나의 종이 아니라 여러 종을 가리키는 것이라고 생각했다. 이는 대황에 관한 그 당시의 고정관념을 뒤흔드는 생각이었다. 아무튼 팔라스는 시베리아에서 대황이 어떻게 재배되는지에 대해 많은 정보를 주었다. 우리가 알고 싶은 것은 라틴어 학명의 나열이 아니라 우리와 식물과의 관계이다. 훌륭한 식물학자인 팔라스는 대황에 대해 이렇게 썼다.

"대황은 산악 지대에서 자라는 야생 식물로, 주로 크라스노야르스크에서 자란다. 의과대학에서 대황을 원하면 시 당국에서 사업가들에게 맡겨서 고정 가격에 대황을 배달한다. 가을에 아바칸 위쪽과 예니세이강 너머 등 여러 산악 지대에서 채취하게 한다."

팔라스는 이 지역이 습해서 대황의 뿌리가 상할 때가 많다고 덧붙였다. 뿌리를 말리는 방법이 따로 있어서 팔라스도 시도를 해봤다.

"우딘스크와 사얀산맥에서 가져온 싱싱한 대황을 구했다. 그 뿌리를 부엌 천장에 매달아두었다. 잘 마른 뿌리 중 좋아 보이는 것을 골라 껍질을 벗기고 씻었다. 이렇게 해서 중국의 최고급 대황보다 더 실하고 빛깔도 좋은 대황을 얻었다. 중국 대황만큼 품질과 효능이 좋았다."

온실 식물

뛰어난 종 중에 고산대황*Rheum nobile*이 있다. 고산대황은 예쁘기도 하지만 놀라운 식물이다. 이 대황은 아프가니스탄, 부탄, 네팔, 티베트, 인도의 시킴 등 여러 지역에서 볼 수 있다. 해발 4,000~4,800미터의 고원에서 자란다. 영어로는 고산대황을 온실 식물 glass house plant이라고 한다. 높은 지역에 적응한 식물이기 때문이다. 자외선 차단 지수 50인 크림을 발라서가 아니라 변형된 잎인 포엽으로 몸을 덮어서 온실 효과를 낸다. 추위와 자외선을 막을 수 있는 좋은 방법이다.

1772년 4월에 팔라스는 대황에 대해 간략한 조사를 하러 유명한 국경 도시 캬흐타에 갔다. 그는 정보원들에게서 그곳을 통과한 대황이 중국에서 재배되었다는 사실을 들었다. 티베트와 가까운 칭하이호의 남서쪽에서 자란다는 대황은 4월에 뿌리를 수확해서 말린다고 했다. 팔라스는 이 조사를 통해 최고의 대황은 건조한 기후인 티베트에서 재배된 것이라는 결론을 내렸다. 이야말로 흥미로운 정보가 아닐 수 없다. 좋은 대황을 구하러 시베리아에서 추위에 벌벌 떨 필요가 없다는 소리니 말이다.

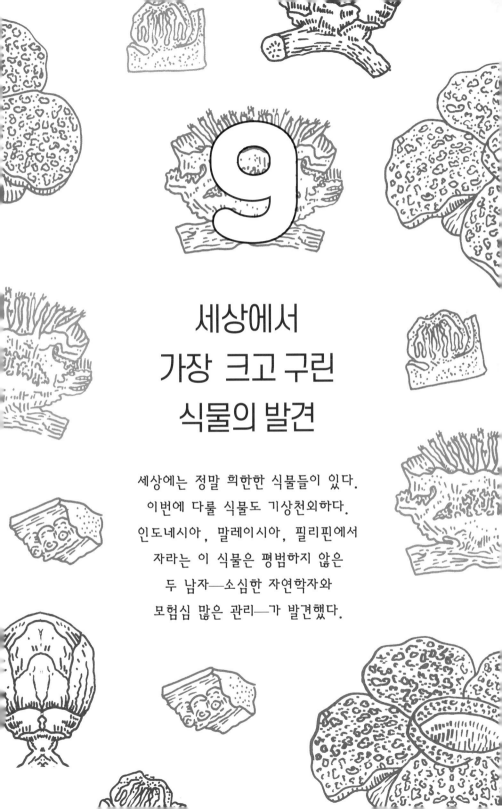

9

세상에서
가장 크고 구린
식물의 발견

세상에는 정말 희한한 식물들이 있다.
이번에 다룰 식물도 기상천외하다.
인도네시아, 말레이시아, 필리핀에서
자라는 이 식물은 평범하지 않은
두 남자—소심한 자연학자와
모험심 많은 관리—가 발견했다.

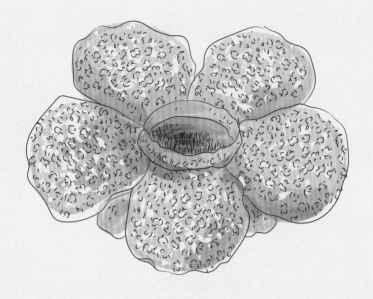

자이언트 라플레시아

Rafflesia arnoldii R. Br.

이 식물은 생겨도 너무 못생겼다. 거대한 붉은 덩어리에 흰 반점이 잔뜩 나 있다. 게다가 악취는 또 어떻고! 정말 끔찍하다. 그야말로 사랑받을 조건은 다 갖췄다.

　크기는 또 얼마나 큰지……. 외계 행성에서 왔거나 유전자 조작으로 만들어진 게 아닐까 싶은 생각도 든다. 하지만 이 책이 하워드 필립스 러브크래프트Howard Philips Lovecraft의 소설이나 《에이리언》 리메이크도 아니니 이것은 분명 식물이다. 인도네시아와 말레이시아의 밀림에서 만날 수 있는 진짜 식물 말이다. 살과 뼈, 아니 잎과 엽록소로 만들어진 생명체. 아니, 그렇지도 않다. 이 식물은 푸르지도 않고 광합성을 하게 생기지도 않았다. 왜 그런지는 당신도 곧 이해하게 될 것이다.

이 식물의 크기는 직경 1미터에 이르고 무게는 11킬로그램까지 나간다. 세계에서 가장 큰 꽃이라고 할 수 있다. 이 꽃의 이름은 바로 자이언트 라플레시아*Rafflesia arnoldii*! 이 식물을 발견한 사람은 토머스 스탬퍼드 래플스Thomas Stamford Raffles와 조지프 아놀드Joseph Arnold였다. 식물학자들이 라플레시아의 이름을 짓는 데 아무 신경도 안 썼구나 싶지만 그것도 나름의 헌정이었다. 두 위대한 자연학자들에게 바치는 헌정.

싱가포르에 있는 래플스 호텔이라고 들어봤을 것이다. 조지프 콘래드, 러디어드 키플링Rudyard Kipling, 찰리 채플린, 존 웨인, 앙드레 말로, 데이비드 보위 등 유명인들이 찾았던 고급 호텔이다. 참, 조지 부시도 이곳에서 머물렀지만 다른 사람들과는 수준이 다르니 그의 이름은 빼자.

래플스는 럭셔리 호텔의 이름이기도 하지만 무엇보다 위인의 이름이다. 훌륭한 정치인이자 싱가포르(길거리에서 껌을 씹을 권리가 없고 은행들이 밀집한 작은 섬)의 국부, 자와섬의 총독이었던 래플스는 뛰어난 자연학자이기도 했다. 식물이나 곤충의 이름을 바로 맞출 수 있는 정치인들이 얼마나 될까?

래플스 경: 품위, 지식, 그리고 식인종에 대한 관심

이야기는 200년 전으로 거슬러 올라간다. 영국인 토머스 스탬퍼드 래플스는 1781년에 물 위에서 태어났다. 자메이카의 한 항구에 정박해 있던 배 위에서 출생한 것이다. 동인도회사 소속 선장이었던 아버지를 따라 그도 뱃사람이 될 가능성이 컸다. 그는 문학과 과학을 공부했고 프랑스어를 빠르게 습득했다. 그림도 아주 잘 그렸다. 그도 신동이었던 것이다.

1805년에 래플스는 말레이시아 페낭으로 파견되었다. 그곳에서 말레이어를 배웠고, 자기보다 열 살 많은 올리비아 마라암느 데베니시Olivia Mariamne Devenish와 결혼했다. (시대를 앞서간 래플스!)

토머스 스탬퍼드 래플스

놀라운 꽃가루받이: 뜨거우니 조심해!

라플레시아는 식물에서는 보기 드물게 스스로 열을 발생시킨다. 이는 꽃가루받이를 매개하는 곤충을 불러들이는 휘발성 물질의 분비를 촉진한다. 열발생 때문에 라플레시아는 습한 밀림에서 2주일 동안 양말을 한 번도 갈아 신지 않고 걸어 다닌 사람의 신발 냄새가 나는 것이다. 사실 발 고린내보다 악취가 더 심하다. 썩은 고기 냄새나 시체 냄새가 난다. 온도가 올라가므로 곤충들이 신진대사를 많이 할 필요가 없는 편한 환경이 조성되기도 한다(꽃이 '중앙 난방' 역할을 하므로 곤충이 에너지를 덜 쓴다).

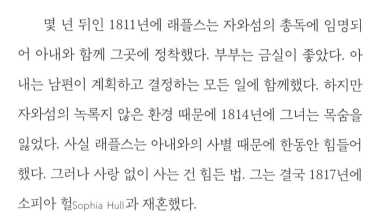

 몇 년 뒤인 1811년에 래플스는 자와섬의 총독에 임명되어 아내와 함께 그곳에 정착했다. 부부는 금실이 좋았다. 아내는 남편이 계획하고 결정하는 모든 일에 함께했다. 하지만 자와섬의 녹록지 않은 환경 때문에 1814년에 그녀는 목숨을 잃었다. 사실 래플스는 아내와의 사별 때문에 한동안 힘들어 했다. 그러나 사랑 없이 사는 건 힘든 법. 그는 결국 1817년에 소피아 헐Sophia Hull과 재혼했다.

 1818년에 그는 수마트라섬의 붕쿨루에 총독으로 임명되었다. 그는 잘생기고 똑똑할 뿐 아니라 (돈도 많고 유명한데다가 모험심도 강했다—200년 전에 태어난 올리비아나 소피아가 부러워진다) 성품도 훌륭했다. 자와섬의 노예 제도를 폐지하고 옛 사원과 유적물을 복원하는 등 수많은 개혁을 단행했다. 그 이후 런던으로 돌아온 그는 런던동물원 설립에 참여하고 동물원 위원회의 일원이 되었다. 그가 1816년 5월에 세인트헬레나섬에서 나폴레옹을 만난 사실을 아는가? 나폴레옹은 그에게 자와섬에 대해 많은 질문을 던졌다. 자와섬 사람들은 무엇을 하는가? 자와섬의 커피가 부르봉섬의 커피보다 맛있는가? 래플스는 실망했다. 나폴레옹이 자신에게는 별로 관심이 없었던 것이다. 그가 나폴레옹을 만난 소감은 어땠을까? "이 남자는 인간을 진정한 인간으로 만드는 감정이라는 것을 전혀 느끼지 않는 괴물이다." 래플스는 동남아시아로 돌아가서 1819년 2월 6일에 싱가포르를 건국했다. 섬의 인구는 4년 만에 1,000명에서 1만 명으로 늘었다. 싱가포르의 현재 인구가 500만 명이 넘는다는 걸 그가 안다면 어떨까?

　　이제 다시 수마트라섬에서 그가 겪었던 식물학적 모험을 살펴보자. 래플스는 자연사를 무척 좋아했다. 동물과 식물, 광물과 인간, 인간의 문화에 대해 모두 관심을 보였다. 그는 한 손에는 시가를 들고, 다른 손에는 종려나무 술 한 잔을 들고 가죽 소파에 편하게 앉아 야자잎으로 만든 부채를 부쳐

주는 아름다운 원주민 하녀들의 시중을 받을 사람이 아니었다. 사무실이 아니라 현장으로 뛰어드는 사람이었고, 미지의 땅, 야생의 땅을 탐험하는 것을 두려워하지 않았다. 숲속에서 위험에 맞닥뜨려도, 산속에서 험한 행군을 해도 마다하지 않았다. 그는 해발 2,143미터에 이르는 게대산을 오른 첫 번째

세계 최대의 또 다른 꽃

그렇다면 세계 최대의 꽃은 둘 중 무엇인가? 시체꽃 아모르포팔루스 티타눔Amorphophallus titanum(모양이 남근을 닮았다고 해서 이런 이름이 생겼다)은 아룸 티탄Arum titan이라고도 한다. 집에서 많이 키우는 안투리움Anthurium이나 필로덴드론Philodendron과 함께 천남성과에 속한다. 시체꽃의 꽃차례는 3미터가 넘기도 한다. 라플레시아와 가장 큰 차이가 나는 것이 바로 꽃차례이다. 라플레시아는 하나의 꽃잎으로 되어 있는 반면에 시체꽃은 여러 개의 꽃으로 이루어져 있다. 천남성과의 경우 여러 개의 꽃이 육수꽃차례(남근을 닮은 일종의 이삭이다)에 달려 있다. 꽃이 피는 기간은 매우 짧고 (72시간) 고기 썩는 냄새를 풍긴다. 악취로는 라플레시아와 겨뤄볼 만하다. 실제로 시체꽃은 육수꽃차례가 가장 큰 식물로 기록되어 있다. 그러나 키가 8미터이고 꽃이 6,000만 개나 달리는 꽃차례를 가진 탈리폿 야자에게 타이틀을 넘겨줬다.

서양인이었다. 래플스는 원주민들에게도 관심이 지대했고 진짜 식인종을 만나서 그들을 연구했다(식인종의 두개골을 모으기도 했다). 그는 숲도 좋아해서 이렇게 썼다. "말레이시아 숲의 풍성한 식생보다 충격적인 것은 없다." 그에 비하면 영국의 식생은 피라미에 불과했다.

외로운 식물학자 아놀드

이 꼭지의 또 다른 주인공은 조지프 아놀드(1782~1818)이다. 해군 소속 외과의였던 그는 여행을 많이 했다. 특히 세계일주를 해서 오스트레일리아와 리우에서 많은 곤충을 채집했다. 그가 인도네시아의 오지로 갈 운명이라는 점은 쉽사

조지프 아놀드

리 짐작할 수 있다.

에너지가 넘쳤던 아놀드는 1815년 9월 3일에 인디페티거블호를 타고 거친 항해 끝에 바타비아에 상륙했다. 이 배는 후추와 커피를 싣고 런던으로 다시 떠날 계획이었다. 그러나 7주 후에 배에 불이 나서 침몰해버렸고, 배에 있던 아놀드의 책, 서류, 남아메리카와 오스트레일리아에서 채집한 곤충 표본 등 모든 짐이 소실되었다. 아놀드는 영국으로 돌아가고 싶었지만 3개월 동안 인도네시아에서 꼼짝하지 못했다. 하지만 그것은 결과적으로 좋은 일이었다. 이때 래플스를 알게 되었기 때문이다. 래플스는 보고르에 있는 자기 집으로 아놀드를 데려왔다. 아놀드는 식물과 곤충(이번에도 개미가 다 먹어 치웠다)을 채집했다.

그는 1815년 12월에 호프호(배 이름처럼 이번에는 침몰하지 않기를!)를 타고 드디어 런던으로 떠났다. 아놀드는 자연학자인 조지프 뱅크스Joseph Banks에게 식물들을 가져다주기로 했지만 배에 들끓던 쥐가 표본을 갉아먹거나 표본이 물에 젖어버렸다. 아놀드는 정말 운이 따르지 않았다. 그 시절에 국제 특급 우편이 없었다는 게 아쉬울 뿐이다. 하지만 아놀드는 런던에 도착해서 또 다른 자연학자인 로버트 브라운Robert Brown을 만났다. 그 외에도 식물학자인 조지프 돌턴 후커와 지질학자인 찰스 리엘Charles Lyell도 알게 되었는데, 이 두 사람은 나중에 다윈의 친구가 된다.

린네협회에서 아놀드에게 쥐도 없고 물에 젖을 위험도 없는 편안한 일자리를 제안했지만 그에게는 황금 같은 기회가 찾아왔다. 래플스가 수마트라섬 서쪽의 븡클루에서 일할 자연학자를 구한다는 것이었다. 아놀드는 그 기회를 냉큼 잡아 1817년 11월에 레이디 래플스호에 올랐다. 그리고 자신을 '외로운 짐승'(그가 일기에 그렇게 적었다)이라 생각하며 일에만 전념했다. 그는 훌륭한 의사이기도 해서 래플스의 아내가 아이를 낳을 때 출산을 도왔다. 래플스 총독에게 아놀드는 가족과 다름없었다.

괴물 식물을 발견하다

1818년 5월에 래플스는 아놀드와 아내 소피아, 근처 오지인 마나의 주민, 현지 장교 6명, 짐꾼 50명을 데리고 원정에 나섰다. 원정대는 븡클루의 숲으로 들어갔다. 풍경이 아름다운 곳이지만 호랑이나 인간을 물 수 있는 동물들이 득실대는 곳이었다. 래플스에게 숲에서 가족을 잃었다고 말한 원주민들도 많았다. 그러나 그들은 호랑이를 숭배했다. 신성한 동

9 · 세상에서 가장 크고 구린 식물의 발견

코끼리 짐꾼과 개미 짐꾼

라플레시아의 수명은 잘 알려지지 않았다. 약 4~5년 정도일 것이다. 라플레시아의 숙주인 덩굴나무에서 처음에 융기가 솟아오른다. 6~9개월에는 큰 양배추 모양으로 자란다. 개화는 24~48일 동안 시작되고 그 기간이 지나면 꽃잎이 5개인 거대한 꽃이 핀다. 꽃이 완전히 피는 기간은 고작 4~8일이다(그래서 운이 좋아야 꽃을 볼 수 있다). 꽃가루받이(화분이 수꽃에서 암꽃으로 옮겨지는 과정)가 끝나면 열매가 맺히고 6~8개월 후에 완전히 자란다.

씨앗은 빠르게 퍼진다(매개체의 능력에 따라 하루에서 이틀 정도). 매개체는 동물이지만 어느 동물인지는 잘 모른다. 코끼리라고 하는 사람도 있고 개미라고 하는 사람도 있다. 씨앗은 48개월 동안 숙주 식물 속에 있다가 싹을 틔운다. 작은 씨앗이 어떻게 두꺼운 덩굴나무의 껍질을 뚫고 들어가냐고? 그에 대해서는 알려진 바가 없다.

물을 조상처럼 모셨던 것이다. 호랑이가 진짜 조상을 물어가도 말이다! 마을에 호랑이가 나타나면 주민들은 과일과 쌀을 내놓아 대접했다. 참 사려 깊은 행동이지만 호랑이는 고기를 더 좋아하는 것을!

대담한 탐험가들은 처음에 코끼리가 다니는 길을 따라

가다가 아주 낭만적인 풍경이 펼쳐지는 곳에서 강을 건넜다. 거머리 떼를 만나는 바람에 기겁한 그들은 밤에 근처를 배회하는 코끼리를 만날까 봐 자주 깨고는 했다. 코끼리는 좋아하지만 멀리서 좋아할 동물이다. 현지인들은 코끼리가 두 종류라고 알려주었다. 무리를 지어 사는 코끼리는 매우 영리하고, 혼자 돌아다니는 코끼리는 가장 무서운 코끼리라고 말이다. 야생 동물을 무서워하며 보낸 밤이 지나고 드디어 결전의 날이 다가왔다. 1818년 5월 19일. 원정대는 만나강 유역의 푸보 라반이라는 곳 주변을 한가로이 살펴보고 있었는데 갑자기 하인이 소리를 지르며 뛰어왔다. "이쪽으로 와보세요! 아주 크고 멋진 꽃이 있습니다." 아놀드는 뭘 보고 그리 감탄하는지 궁금해 한걸음에 달려갔다. 그는 식물을 보고 놀랐고 (식물학자답게) 채집해야겠다는 생각밖에 없었다. 크기로 보아 꽃 하나만으로도 꽃다발을 만들기에 충분했다. 아놀드는 파랑이라는 칼로 식물을 캐서—그는 이 식물을 '식물계에서 가장 경탄할 만하다'고 썼다—자신의 오두막으로 가져왔다.

　그것은 잎도 줄기도 뿌리도 없이 희한하게 생긴 꽃만 있는 식물이었다. 이게 과연 '식물'일까? 작약이나 민들레와 닮은 점이라고는 하나도 찾아볼 수 없었다. 오히려 버섯을 닮았다.

　아놀드는 동행한 사람이 있어서 다행이라고 생각했다.

9 · 세상에서 가장 크고 구린 식물의 발견

207

만약 자신이 엄청나게 큰 꽃을 봤다고 말하면 아무도 믿어주지 않을 터였기 때문이다. 사람들은 아마 그가 열병에 걸렸다고 생각할 것이다. 아놀드는 꽃 주변에 파리 떼가 들끓는 걸 보고 놀랐다. 게다가 악취까지! 그의 눈에 꽃은 마치 특별대우를 받은 소 같았다. 이야말로 완곡어법이 아닐까?

안내원이 말하기로는 그 꽃이 매우 드물며 현지에서는 '쿠루불' 또는 '암분암분'이라고 불렀다. 꽃 중의 꽃이라는 뜻이다. 그러니 현지 주민들은 이 꽃의 존재를 알고 있다는 뜻이다.

아놀드와 래플스는 이 식물이 자립적으로 성장하지 않는다는 것을 금세 알아차렸다. 테트라스티그마Tetrastigma라는 덩굴나무에서 자라고 있었기 때문이다. 즉 기생 식물을 만난 것이다. 어쩌면 당연한 일이었다. 잎도 없고 뿌리도 없으니 어떻게 스스로 영양분을 섭취하겠는가? 이 식물은 화성인도 아닌데 푸르지 않고 붉었다. 즉 광합성을 못한다는 뜻이었다 (논리적이다. 잎이 없으니 광합성도 못하는 것이다). 그러니 덩굴식물을 최대한 이용해야 한다. 식물 드라큘라라고나 할까.

알려진 바에 따르면, 라플레시아는 1년에 딱 한 번 우기가 지난 다음에 꽃을 피운다. 꽃이 활짝 피기 전에는 커다란 양배추 모양이다. 정확히 말하면 적양배추를 닮았다. 독은 없

유전자 도둑이야!

최근 연구 결과에 따르면, 라플레시아는 자신이 기생하는 덩굴나무의 유전자를 훔칠 수 있다. 이 현상을 '수평적 유전자 이동'이라고 부른다. 원래 유전자는 수직적으로 이동한다. 쉽게 말하면 부모에게서 자손에게로 전해진다(따라서 동일 생물종에서 일어난다). 수평적 이동은 후손이 아닌 유기체가 다른 유기체의 유전 물질을 흡수하는 것이다. 이 현상은 주로 박테리아에게서 일어난다는 사실이 1959년에 증명되었다. 같은 현상이 라플레시아 칸틀레이이*Rafflesia cantleyi*에서 일어난다는 사실은 2012년에 밝혀졌다.

고 매우 보기 드물다. 의학적 효능이 있다고 해서 보르네오 같은 지역에서는 라플레시아를 사용하기도 한다. 라플레시아를 차로 만들어 먹으면 산모의 기력 회복에 도움이 된다고 알려져 있다.

지상 최대의 꽃은 왜 라플레시아로 불리는가?

우리의 이야기는 다른 유명한 식물학자들과 함께 계속된다. 1818년 6월에 미국인 자연학자인 토머스 호스필드

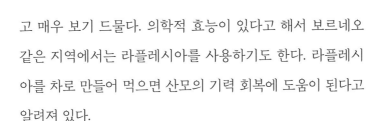

재배가 불가능한 꽃?

라플레시아는 오랫동안 인공적으로 재배할 수 없는 꽃으로 유명했다. 그러나 라플레시아의 여러 종을 보존하기 위해서 그 수를 늘리려는 연구가 진행 중이다. 프랑스의 브레스트 국립식물보존소와 인도네시아의 보고르식물원은 라플레시아 파트마*Rafflesia patma*의 개체수를 늘리기 위한 연구 협약을 맺었다. 미국에서도 인도네시아산 라플레시아에 관한 실험이 이루어지고 있다.

Thomas Horsfield(1773~1859)(호스필드땃쥐*Crocidura horsfieldii*의 학명에 그의 이름이 들어갔다)가 아놀드를 찾아왔다. 래플스의 친한 친구였던 그도 자와섬에서 일하고 있었다.

호스필드는 거대한 꽃을 보자마자 알아보았다. 몇 년 전에 비슷하지만 더 작은 종을 본 적이 있었기 때문이다. 호스필드와 아놀드는 지질학 표본을 제작해서 아놀드가 채집한 라플레시아를 포함해서 많은 표본과 함께 레이디 래플스호에 실어 런던으로 보냈다. 흙과 돌의 장점은 쥐가 갉아먹을 수 없다는 것이다. 래플스의 서신이 동봉된 표본들은 조지프 뱅크스(1743~1820)에게 무사히 전달되었다. 뱅크스는 제임스

또 다른 발견자

라플레시아를 최초로 관찰한 식물학자는 프랑스의 루이 오귀스트 데샹Louis Auguste Deschamps일 것이다. 그는 행방불명된 장-프랑수아 드 라 페루즈Jean-François de La Pérouse를 찾아 떠난 수색대 소속이었다. 자와섬에 머물던 그는 1797년에 라플레시아의 표본을 채집했다. 하지만 1년 뒤에 돌아오는 길에 자료와 표본을 프랑스와 전쟁 중이던 영국군에게 압수당했다.

데샹이 관찰한 종은 자이언트 라플레시아보다 조금 더 작은 라플레시아 호르스피엘디이Rafflesia horsfieldii일 것이다.

쿡 선장과 세계일주를 한 자연학자이다(그는 쿡 선장보다 운이 좋았다. 쿡 선장은 그 이름 때문인지 샌드위치제도로 가다가 하와이 원주민들에게 잡아먹혔다). 뱅크스는 라플레시아를 보고 이처럼 특별한 식물은 처음 본다고 말했다.

뱅크스의 표본을 관리했던 로버트 브라운(그는 아놀드의 친구이기도 하다)은 래플스와 아놀드를 기리기 위해 꽃의 이름을 라플레시아 아르놀디라고 지었다. 아놀드가 래플스보다 꽃을 먼저 봤으니 아놀드에게는 억울한 일이다. 하지만 래플스가 더 유명했으니 속명이 그의 차지가 되었다. 여담이지만

세상에서 가장 큰 꽃의 가장 작은 종

라플레시아의 여러 종 가운데 라플레시아 콘수엘로아이*Rafflesia consueloae*가 있다. 이 종은 2016년에 숲을 걷다가 발을 헛디딘 한 과학자가 우연히 발견했다. 필리핀에서 열세 번째로 발견된 종으로 평균 직경이 9.7센티미터밖에 되지 않는다. 이 작은 꽃은 이미 멸종위기종이다. 악취를 풍기는 다른 라플레시아와는 다르게 코코넛 향이 난다. 콘수엘로아이는 필리핀 산업가의 부인을 기리기 위해 붙여진 이름이다.

인도네시아 수마트라섬의 븡쿨루 북부에서 또 다른 라플레시아가 발견되었다. 2017년 10월에 이 종은 발견된 마을 이름을 따서 라플레시아 케무무*Rafflesia kemumu*로 명명되었다.

브라운은 식물학이 아닌 브라운 운동(그는 액체 속에서 불규칙하게 움직이는 미소입자들을 관찰했다. 그러니까 물리학 분야이다)으로 더 유명하다.

라플레시아를 발견한 뒤에 래플스와 그의 아내, 아놀드와 호스필드는 7월 중순 무렵 파당으로 갔다. 파당은 수마트라섬의 중앙 산악 지대를 탐험하기 위한 출발지였다. 하지만 아놀드는 지독한 열병에 걸렸다. 아마 말라리아였을 것이다.

쇠약해진 그는 파당에 남기로 했다. 7월 30일에 다시 파당으로 돌아온 래플스는 나흘 전에 아놀드가 세상을 떠났다는 소식을 전해 들었다. 아놀드는 위대한 발견을 한 직후 목숨을 잃었다. 그래도 탐험과 발견의 기쁨은 경험했을 것이다. 그는 살아왔던 것처럼 홀로 죽음을 맞이했다. 홀쩍.

현재 라플레시아는 23개 종이 있고 모두 동남아시아에서 자생한다. 이 꽃은 말레이시아의 상징이 되어 우표, 지폐, 쌀포대 등에 인쇄되어 있다. 인도네시아에서는 3개의 국화 중 하나로 선정되었다. 신비롭고 기이하면서도 아름다운 (취향에 따라 못생긴) 이 미지의 꽃은 생물다양성 보존의 상징이자 매력적인 관광 상품으로 활약하고 있다. 라플레시아라는 포켓몬까지 있을 정도이니 대단하다.

10

옛날 옛적 그곳에는 세상에서 제일 높은 나무가 있었으니

1794년, 아치볼드 멘지스는 조지 밴쿠버
선장과 함께 아메리카 대륙의 해안을
따라 힘든 항해를 했다. 그는 캘리포니아에서
거대한 침엽수를 발견했다.
마지막으로 선실에 갇힌
스코틀랜드 식물학자의 특별한
여행을 따라가자.

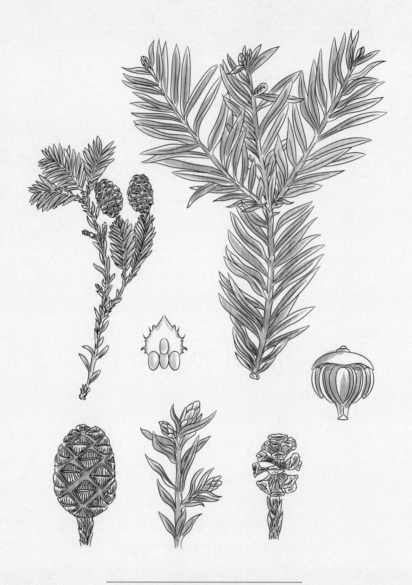

세쿼이아

Sequoia sempervirens (D. Don) Endl.

115.55미터. 세계에서 가장 키가 큰 나무 하이페리온의 높이이다. 얼마나 높은지 상상이 가나? 자유의 여신상이나 빅벤보다 더 높고 에펠탑 2층과 맞먹는 높이이다. 그 옆에 크리스마스트리를 놓으면 귀여운 난쟁이처럼 보일 것이다. 이 천연 마천루는 바로 세쿼이아다. 라틴어 학명이 세쿼이아 셈페르비렌스*Sequoia sempervirens*인 하이페리온은 2006년에 캘리포니아에서 발견되었다. 그 위치는 지금도 일급기밀이다. 이 자연 보물의 환경을 사람들이 해치면 안 되니 말이다. 하이페리온은 그리스 신화에 나오는 티탄족 신의 이름을 따서 붙인 것이다. 캘리포니아에서 처음으로 세계에서 가장 높은 나무가 발견되었던 시간으로 거슬러 올라가자. 우리는 스코틀랜드

식물학자와 동행할 것이다. 그의 이름은 아치볼드 멘지스
Archibald Menzies로, 그가 우리를 골드러시 시대의 서부로 데려
다줄 것이다.

선장이 되어 전 세계 바다를 누볐던 멘지스는 루이 16세
가 태어난 해인 1754년에 정원사의 아들로 태어났다. 그는
열네 살이 되었을 때 도시로 떠나 유명한 식물학자인 존 호

세 거목

세쿼이아는 지금은 측백나뭇과로 분류된 낙우송과에 속하는 침엽
수이다. 세쿼이아속에는 3종이 속해 있는데 서로 매우 다르다. 일반
적으로 세쿼이아라고 하면 레드우드라고도 불리는 세쿼이아 셈페
르비렌스를 가리킨다. 3종 중 가장 큰 종이고 가장 얇은 종이다.
두 번째 종은 자이언트 세쿼이아*Sequoiadendron giganteum*로, 거삼나
무라고도 한다. 가장 튼튼하고 두꺼우며 키도 엄청나게 크다. 하지
만 첫 번째 종보다 조금 작다. 85미터까지 자랄 수 있으니 작다고
하기에는 좀 그렇지만.
마지막 종은 메타세쿼이아다. 1943년에 중국에서 발견되기 전에
는 멸종했다고 알려졌다. 다른 두 종과는 특징이 매우 다르다. 매년
잎이 떨어지고 동쪽에서 서쪽으로만 자란다.

프(1725~1786) 밑으로 들어갔고, 에든버러 식물원의 견습 직원이 되었다. 식물학과 외과학을 공부했고 1781년에 해군 소속 외과의가 되었다. 그렇게 해서 앤틸러스제도에서 벌어진 도미니카 전투에 참전했고 뉴스코틀랜드에 건설된 지 30년밖에 되지 않은 도시 할리팍스에서 근무하게 되었다. 식물학은 머지않아 그의 주요 관심사가 되어서 그는 이끼, 지류 등의 표본을 조지프 뱅크스에게 보냈다. 앞에서도 이미 만난 적이 있는 뱅크스는 표본을 받아 재빨리 도감에 포함시켰다.

멘지스는 1786년에 영국으로 돌아갔다가 같은 해에 프린스 오브 웨일스호(여기서 웨일스 공은 찰스 왕세자가 아니다. 그 배에 다이애나 비 같은 사람이 없었다니 아쉽다. 그랬다면 이 이야기가 훨씬 재미있었을 텐데)를 타고 떠났다. 멘지스는 그 당시 인기였던 모피의 밀거래상인 제임스 콜넷과 함께 배에 올랐다. 배는 북아메리카 서부 해안을 거쳐 중국으로 향했다. 이번에도 멘지스는 많은 표본을 채집했다.

밴쿠버와 세계일주

멘지스는 1789년에 영국으로 귀국했다가 1791년에 디스커버리호를 타고 프랑스보다 활력이 떨어졌던 영국을 다

아치볼드 멘지스

시 떠났다. 디스커버리는 다큐멘터리 채널이 아니라 모험가들이 탔던 배 이름이다. 멘지스는 뱅크스의 추천으로 밴쿠버 선장의 자연학자로 고용되었다. 캐나다 밴쿠버는 바로 이 선장의 이름을 딴 도시이다. 멘지스에게는 운이 따랐다. 디스커버리호의 의사가 병에 걸려 새로 사람을 구하던 참이었기 때문이다. 누군가의 불행은 다른 사람의 행복이 된다더니…….

　조지 밴쿠버George Vancouver(1757~1798)의 스승은 쿡 선장이었다. 쿡 선장은 샌드위치제도에서 식인종에게 잡아먹혔지만 그의 제자 밴쿠버는 스승보다 운이 좋아 비극을 면했다. 밴쿠버가 계획한 새로운 여행의 목적은 고래나 곰을 보려는 것도 아니었고 모피를 구하려는 것도 아니었다. 그는 아메리카 대륙 서쪽 해안의 지도를 만들고 모두가 원하던 북서 항로를 찾으려고 했다. 그때 그의 나이는 고작 서른다섯 살이었다. 그는 까다로운 성격으로 유명했고 융통성이 별로 없어 현지 주민들과 섞이려고도 하지 않았다. 멘지스에게는 새로운 모험을 떠날 수 있는 황금 같은 기회가 찾아온 것이었다. 골드러시의 시대였지만 멘지스는 황금이 아니라 오스트레일리아, 하와이, 아메리카 대륙 등 미지의 땅에서 자라고 있는 식물들을 향해 달렸다.

여행 내내 그는 수많은 표본을 채집했다. 예를 들어 '멘지스 딸기나무'로 명명될 마드론Arbutus menziesii에 관한 글을 썼다. 사실 이 나무는 딸기나무와는 아무런 관련이 없다. 북아메리카에 도착한 멘지스는 피케아 시트켄시스Picea sitchensis를 채집하고 괴혈병을 예방하기 위한 비타민C 대용으로 섭취했다. 쿡 선장의 레시피로 선원들과 맥주도 만들어 마셨다. 멘지스는 리베스 상귀네움Ribes sanguineum과 미송Pseudotsuga menziesii도 발견했다. 미송의 라틴어 학명은 발견자의 이름을 따온 것이지만 프랑스어 이름인 '더글라스의 전나무sapin de Douglas'는 미송을 영국에 들여온 식물학자 데이비드 더글라스의 이름에서 온 것이다.

멘지스는 여행을 하는 동안 식물 탐험도 했지만 갖가지 사건 사고를 겪었다. 일행이 버려진 마을 근처에서 짐을 풀었

10 옛날 옛적 그곳에는 세상에서 제일 높은 나무가 있었으니

221

는데 마을의 더러운 골목길에서 이상한 악취가 풍겼다. 그러더니 갑자기 벼룩 떼가 그들을 공격했다. 신발과 옷에 붙은 벼룩은 그 수가 하도 많아서 사람들은 걸음아 날 살려라 하며 도망갈 수밖에 없었다. 짐도 모두 버리고 무서운 벼룩을 피한 것이다. 몇몇은 옷을 다 벗어 던지고 바다에 뛰어들었고 옷을 그대로 입은 채로 뛰어들기도 했다. (이 장면을 한번 상상해 보라!) 저녁이 되자 그들은 옷을 삶아서 벼룩을 제거했고 그 마을을 '벼룩 마을'이라고 불렀다. 모험가의 삶은 멀고도 험하구나.

선내 갈등

그뿐만 아니라 긴 항해는 가끔 큰 어려움에 부딪혔다. 매일같이 《사랑의 유람선》 같지는 않았을 테니 말이다. 분위기는 험악해졌다. 밴쿠버는 괴팍했다. 뱅크스는 멘지스에게 선장의 성격이 보통이 아니라고 미리 귀띔을 해주었지만 멘지스가 성인군자였다는 증거는 어디에도 없다. 에어비앤비나 이지젯과는 거리가 멀었던 시대에 세계 반대편으로 모험을 떠나는 사람이라면 어느 정도는 성격이 강할 수밖에 없었을 것이다. 밴쿠버와 멘지스는 심각하게 멀어졌다. 밴쿠버는 멘지스가 거추장스럽다고 불만이었다. 사실 멘지스의 채집품이 너무 많은 자리를 차지했는데 배를 늘릴 수도 없으니 멘지스의 물건들을 어디에 두어야 할지 몰랐다. 하지만 그를 고용한 목적이 바로 표본 채집이었다. 새로운 종을 발견하러 세계일주를 매일 할 수도 없는 노릇 아닌가. 하지만 표본은 보관 상태가 엉망이었다. 일부는 갑판에 아무렇게나 널브러져 있었고 훼손되기 시작했다. 멘지스는 화가 났고, 밴쿠버는 그의 불만을 받아쳤다. 그는 펄펄 뛰면서 멘지스를 구금실에 가두었다. 멘지스는 결국 선실에 갇히는 신세가 되고 말았다.

두 사람의 싸움은 밴쿠버가 멘지스에게 일기와 그림을 달라고 했을 때 다시 시작됐다. 그런 요구를 하는 것은 선장의 권리였다. 제독이 요청한 것이었기 때문이다. 그런데 멘지스는 그 요청을 거절했다. 그러자 무례하고 모욕을 퍼부었다는 이유로 다시 선실에 갇혔다. 밴쿠버는 멘지스를 군사법정에 세우고 싶어 했다. 그러나 싸움은 잦아들었고 결국 두 사람은 서로 상대방에 대한 좋은 추억을 간직한 채 헤어졌다.

식물학과는 전혀 상관이 없는 이 이야기를 꺼낸 나를 용서하길. 하지만 독자의 관심을 놓치지 않으려면 이렇게 극적이고 박진감 넘치는 이야기도 조금 필요한 법. 알다시피 싸움이 역사를 만든다.

거인의 나라에서

이제 이 꼭지의 주제로 다시 돌아오자. 1794년에 멘지스는 미국 서부의 온대림을 탐험했다. 습도가 높고 안개가 자주 끼었지만 상쾌해서 밀림보다 훨씬 시원했다. 멘지스는 사방으로 키가 아주 큰 나무들을 보았다. 마치 식물로 만든 대성당 안에 들어간 느낌이었다. 그것은 거대한 침엽수들이었다. 믿기 어려운 높이였다. 멘지스는 키가 큰 편이었는데도 난쟁이가 된 기분이었다. 영화《쥐라기 공원》에 들어간 느낌이 아니었을까? 공룡도 없고 영화가 개봉되기 한참 전이었지만. 실제로 그 나무들은 쥐라기에 있었던 침엽수의 후손이었다.

세쿼이아의 껍질은 붉은색이어서 '레드우드'라고도 불린

자동 급수 시스템

나무가 그렇게까지 높이 자랄 수 있다고 상상하기는 쉽지 않다. 뿌리가 땅속 깊이 내린 것도 아니니 더욱 그렇다. 세쿼이아는 뿌리가 아니라 잎으로 많은 양의 물을 흡수한다. 잎이 안개에서 수분을 빨아들이는 것이다.

다. 멘지스의 발견은 사실 발견이라 부를 수 없다. 원주민들은 세쿼이아를 익히 알고 있었고 숭배하기까지 했다. 그들은 거대한 나무를 신으로 여겼다. 에스파냐 선교사들도 세쿼이아를 본 적이 있다. 프란체스코회 선교사 후안 크레스피Juan Crespi(1721~1782)는 원주민처럼 '피부가 붉은' 나무에 대해 언급한 적이 있다. 그러나 사람들은 거대한 나무의 존재를 믿지 않았다.

그러다 보니 멘지스가 세계에서 가장 키가 크고, 아름답고, 튼튼한 (미국인의 특징 아닌가?) 세쿼이아의 '공식 발견자'가 되었다. 세쿼이아의 이름은 체로키 원주민의 이름을 딴 것이다. 오스트리아의 식물학자 슈테판 라디슬라우스 엔틀리허 Stefan Ladislaus Endlicher(1804~1849)가 1847년에 이 이름을 지었는데, 아버지가 독일인이었고 어머니가 체로키 부족이었던 금은 세공사 시쿼야('주머니쥐'라는 뜻)에게서 착안한 것이다. 시쿼야는 체로키 부족의 역사에서 중요한 역할을 했다. 원주민과 백인의 관계를 풀기 위해 그는 체로키어를 알파벳으로 표기하는 체계를 세웠고 문자 체계를 정립해서 구어였던 체로키어를 보존했다. 그러나 그는 식민지 주민들의 공격이 일어났을 때 암살당했다.

멘지스는 세쿼이아의 밑동을 하나도 채집하지 않았다.

유령 세쿼이아

신기한 식물이 나타났다. 캘리포니아의 험볼트 레드우드 주립공원에서 잎이 하얀 알비노 세쿼이아가 발견된 것이다. 전체가 하얀 나무도 있고 가지 몇 개만 하얀 나무, 반 정도만 하얀 나무도 있다. 알비노 세쿼이아는 극히 드물어 약 400그루 정도만 파악되었다.

백색증은 인간과 동물에게만 나타나는 것은 아니다. 식물의 경우는 엽록소가 없는 것이 원인이다. 캘리포니아의 한 유전학자가 이 미스터리한 현상에 관심을 가졌다. 그는 유령처럼 보이는 알비노 세쿼이아들은 푸른 잎을 가진 주변 나무들이 성장하기 어려운 척박한 땅에서 자란다는 사실을 알아냈다. 중금속이 많은 땅에서 자랐기 때문에 알비노 세쿼이아에는 정상 수치보다 2배나 많은 중금속이 들어 있다. 중금속이 광합성을 방해했을 테니 푸른 잎을 가진 세쿼이아는 죽을 수밖에 없다. 이 과학자는 알비노 세쿼이아가 주변의 푸른 세쿼이아들과 공생 관계를 갖는다고 주장했다. 푸른 세쿼이아가 광합성을 해주고 그 대신 알비노 세쿼이아는 오염 물질을 흡수하는 것이다.

푸른색과 흰색이 반반을 차지하는 세쿼이아는 유전자가 다르다. 과학자는 이것을 마치 두 사람이 한 몸에 들어간 꼴이라고 설명한다.

가방에 들어가기엔 너무 컸다고나 할까. 세쿼이아는 시간이 더 흐른 뒤인 1846년에 카를 테오도어 하르트베크Karl Theodor Hartweg가 영국에 들여왔다. 그는 런던 왕립원예학회가 고용한 식물 채집가였다.

누군가 이의제기를 한 적은 없지만 멘지스가 세쿼이아를 발견한 '진짜' 발견자가 아닐 가능성이 높다. 그가 세쿼이아를 발견하기 3년 전인 1791년에 말라스피나 원정대에 참여했던 체코의 식물학자 타다우스 하엥케Thaddäus Haenke(1761~1816)가 몬테레이 지역에서 세쿼이아의 씨앗을 채집한 것으로 보인다. 그는 영화 촬영장 같은 웅장한 숲에서 입을 다물지 못했을 것이다. 실제로 세쿼이아 숲에서 촬영된 영화가 많다. 《스타워즈 에피소드 6—제다이의 귀환》에 등장하는 엔도의 숲은 미국의 레드우드 국립공원에서 촬영되었다.

원숭이의 절망

밴쿠버와 멘지스의 항해는 4년 동안 계속되었다. 영국에 귀국하기 전에 그들은 칠레의 산티아고에 기항했다. 멘지스는 총독의 집에 머물렀는데, 아침마다 식사로 나오는 씨앗에 매료되었다. 그는 아무도 몰래 씨앗을 주머니에 넣었다. 연회가 벌어지는 동안 씨앗을 훔쳤다는 버전도 있다. 아무튼 그는 씨앗을 디스커버리호 안에서 심었고 나머지는 영국으로 가져갔다. 칠레소나무는 이렇게 해서 유럽으로 들어갔다. 이 침엽수의 별명은 '원숭이의 절망'이다. 뾰족한 비늘 모양의 잎 때문에 원숭이들이 기어오르지 못하기 때문이다. 칠레에는 원숭이도 없는데 어떻게 그런 별명이 붙었을까? 아무튼 멘지스는 영국에 400종의 새로운 식물을 들여왔다.

하와이 사람들은 오랫동안 멘지스를 "사람의 다리를 자르고 풀을 뜯던 붉은 얼굴의 남자"로 기억할 것이다. 안심하시라. 멘지스가 다리를 잘랐던 것은 그가 식인종이라서가 아

칠레소나무

세계에서 가장 큰 또 다른 나무

20세기에 하이페리온보다 더 높은 나무가 있었다. 오스트레일리아 남부에 있는 마운틴 애시_Eucalyptus regnans_가 그 주인공이다. 1년에 3미터씩 자라는 이 나무는 키가 130미터나 되었다. 그러나 지금은 베어지고 없다. 현재 남아 있는 마운틴 애시 중 가장 큰 나무는 2008년에 발견된 센추리온으로, 그 높이는 100미터이다.

니라 외과의였기 때문이니까.

멘지스는 1795년에 영국으로 돌아갔다가 앤틸러스제도로 다시 여행을 떠나기도 했다. 해군에서 전역한 이후 그는 1802년까지 의사로 활동했고 식물학 연구, 그중에서도 이끼에 관한 연구로 유명세를 얻었다. 그는 여든여덟 살에 세상을 떠났다. 여행이 장수의 비결이었나 보다. 이 책의 다른 주인공들도 수명이 그리 길지 않았던 동시대인들에 비해 오래 살았다. 사라쟁은 일흔다섯 살, 록은 일흔여덟 살, 프레지에는 아흔한 살까지 살았다.

캘리포니아 드림

　장수를 누린 멘지스처럼 세쿼이아도 오래 산다. 3,000년까지 사는 나무도 있다. 세쿼이아는 튼튼하고 자연의 변덕에도 잘 버틴다. 껍질이 불연성이어서 산불이 나도 거뜬하다. 그러나 서부 개척 시대에는 버티지 못했다. 카우보이들이 원주민에게만 피해를 준 것이 아니었다. 원주민들은 나무를 잘 베지 않았다. 자연적으로 쓰러진 나무 기둥을 가져다가 카누를 만들거나 집을 지었다. 거대한 나무가 내 쪽으로 쓰러지지 않도록 베는 것도 쉽지는 않을 것이다. 그런데 서부 개척을 위해 수많은 이주민이 몰려들면서 피해가 발생하기 시작했다. 광부들은 황금은 찾기 힘들어도 나무는 널려 있다고 생각했다. 광산을 뚫는 데도 나무를 베어야 했다. 개척자들이 산림을 파괴하기 시작하자 결국 세쿼이아는 멸종 위기에 놓였다. 그야말로《텍사스 전기톱 학살》이었다. 100년도 채 안 되어 양키들이 산림의 90퍼센트를 파괴했다.

　다행히 일부 식민지 주민들이 무지에서 벗어나 거인 나무들을 구조하기 시작했다. 미국인은 국립공원이라는 좋은 것을 발명했다. 국립공원 제도가 '식물 대성당'을 살렸다. 참 재미있는 비유다. 왜 나무를 성당에 비유한 걸까?

이미 1864년에 에이브러햄 링컨이 요세미티의 자이언트 세쿼이아(세쿼이아는 제외) 숲을 보호하기 위한 법에 서명했다. 링컨이 혼자 이 생각을 해낸 것은 아니다. 갈렌 클라크Galen Clark라는 백인이 캘리포니아주 상원의원인 존 코네스John Conness에게 세쿼이아를 보호해야 한다고 제안을 했던 것이다. 그 당시 캘리포니아에는 세상을 구할 터미네이터가 아직 없었지만 좋은 환경 운동가들은 있었다. 그로부터 몇 년 뒤인 1890년에 세계 최초의 국립공원 옐로스톤이 탄생했다. 세쿼이아 보호 운동으로는 1918년에 '세이브 레드우드 리그'가 설립되었다. 1887년에 루즈벨트가 설립한 자연보호 단체

세쿼이아 위에서 2년 동안 지낸 여자 이야기

1997년에 1,000년도 더 된 60미터 높이의 멋진 세쿼이아 루나가 퍼시픽 럼버라는 회사에게 베어질 위기에 처했다. 다행히 루나 앞에 영웅이 나타났다. 스물세 살의 줄리아 버터플라이 힐Julia Butterfly Hill은 나무 꼭대기에 올라가서 한 번도 내려오지 않고 738일을 버텼다. 그녀는 원하던 결과를 얻었다. 루나는 베어지지 않았고 주변 숲도 보호되었다. 한 여자와 한 나무의 아름다운 사랑 이야기가 아닐 수 없다.

인 분&크로켓 클럽의 회원들이 만든 단체이다. 이 단체의 이름은 미국의 탐험가 대니얼 분Daniel Boone과 데이비 크로켓 Davy Crockett을 기리기 위해 지어졌다. 세쿼이아는 우리를 이토록 먼 과거로 데려가는구나.

현재 미국에는 국립공원이 많이 조성되어 있다. 우리의 슈퍼스타 세쿼이아는 레드우드 국립공원과 주립공원에서 보호를 받고 있다. 세쿼이아의 서식지는 오리건주와 캘리포니아주 사이의 태평양 연안에 집중되어 있다. 세쿼이아를 직접 눈으로 보고 싶다면 샌프란시스코 직항 비행기에 타자. 캘리포니아 드림을 위해 4년 동안이나 성마른 밴쿠버 선장을 참아주지 않아도 된다.

에필로그

나를 믿어준 뒤몽 출판사의 안 부르기뇽에게 특별히 고마움을 표시하고 싶다.

원고를 읽어주고 의견을 주었던 뤼실 알로르주, 프랑시스 알레, 장 발라드에게 감사의 마음을 전한다.

오렐리엥 부르는 라플레시아에 대한 의견을 주었고(자와 섬과는 아무런 관련도 없는《라 자바네즈》를 다시 들어야 했지만), 다니엘 에프롱은 파라고무나무에 관한 이야기를 들려주었다.

이미 저세상으로 떠난 식물학자들과 같은 열정을 나누는 세바스티엥은 나를 언제나 지지해주었고 반짝반짝 빛나는 아이디어와 영감을 주었다.

잃어버린 먹이를 찾아 떠나는 모험가들인 라슈와 타트라스는 내게 격려의 그르렁거리기를 아끼지 않았다.

에필로그

233

난이나 종려나무의 아름다움을 즐길 줄 아는 내 가족에게 고마움을 전한다.

세쿼이아, 대황, 딸기에게는 고맙지 않다. 식물인간 상태에 빠져 있어 내가 고마워해도 모를 것이다.

그리고 물론 나의 영웅들, 필리아스 포그, 인디아나 존스, 조지 클루니를 모두 합친 것보다 멋진 나의 모험가들에게 감사를 전한다. 그들이 없었다면 이 책은 존재하지 못했을 것이다.

무엇보다 그들이 지식의 발전에 기여한 바와 우리에게 세상을 알려준 데 대해서 감사하다.

참고문헌

개론서

Allorge L., Ikor O., *La fabuleuse odyssée des plantes : Les botanistes voyageurs, les Jardins des Plantes, les Herbiers*, Paris, JC Lattès, 2003.

Blanchard L.-M., *L'aventure des chasseurs de plantes*, Paris, Paulsen, 2015.

Candolle (DE) A., *L'origine des plantes cultivées*, Paris, Diderot Multimédia, 1883.

Lyte C., *The plant hunters*, Londres, London Orbis Publishing, 1983.

1. 중국에서 차를 훔쳐라! 영국 스파이의 007 대작전

《Les Chinois et le thé》, *La revue de Paris*, tome deuxième, N°53, 1844.

Fortune R., *La route du thé et des fleurs*. Payot et Rivages, 1994.

Fortune R., *Le vagabond des fleurs*. Payot et Rivages, 2003.

Rose, S., *For all the tea in China. How England stole the world's*

favourite drink and changed history, Penguin Books, 2011.

2. 사략선 선장이 칠레에서 구해 온 흐벅진 열매

Duchesne A.-N., *Histoire naturelle des fraisiers contenant les vues d'économie réunies à la botanique, et suivie de remarques particulières sur plusieurs points qui ont rapport à l'histoire naturelle générale*, Paris, Didot Jeune, 1766.

Frézier A.F., *Relation du voyage de la mer du Sud aux côtes du Chili, du Pérou, et du Brésil, fait pendant les années 1712, 1713 & 1714*, Paris, 1716.

Guillaume J., *Ils ont domestiqué plantes et animaux : Prèlude à la civilisation*, Versailles, Quae, 2011.

Narumi S., 《L'usine de fraises du futur à Hokkaido. La première "usine à végétaux" du monde dédiée à l'agriculture pharmaceutique》, *nippon.com*, 3/05/2012.

Risser G., Histoire du fraisier cultivé. La place de la génétique. *INRA mensuel* (92), 30-35, 1997.

3. 중국 모란의 로큰롤 모험

Bell G., 《The Story of Joseph Rock》, *Journal American Rhododendron Society*, Vol. 37, Number 4, 1983.

Harding A., *The Peony*, Londres, Waterstones, London. 1985.

Wagner J., 《The Botanical Legacy of Joseph Rock》, *Arnoldia Arboretum of Harvard University*, Vol. 52, No. 2, pp. 29-35, 1992.

Wagner J., 《From Gansu to Kolding, the expedition of J.F Rock in

1925-1927 and the plants raised by Aksel Olsen》, *Dansk Dendrologisk Årsskrift*, 1992.

4. 캐나다산 뿌리의 흥망성쇠

Boivin B., 《La flore du Canada en 1708》, étude et publication d'un manuscrit de Michel Sarrasin et Sébastien Vaillant, *Études littéraires*, 10, 1-2, 223-297, 1977.

Colloques internationaux du CNRS, *Les botanistes français en Amérique du Nord avant 1850*, Paris, éditions du CNRS, 1957.

Huong L./CVN, 《Le ginseng vietnamien en danger》, *Le courrier du Vietnam*, 05/02/2017.

Laflamme J. C. K., *Michel Sarrazin, matériaux pour servir à l'histoire de la science en Canada*, Québec, 1887.

Marie-Victorin F., *Flore Laurentienne*, 2e édition revue et mise à jour par Ernest Rouleau, illustrée par le Frère Alexandre, Presses de l'Université de Montréal, 1964.

5. 아마존 밀림에서 출세한 나무 이야기

Bellin I., 《Quand le pissenlit vient au secours du caoutchouc》, *Les Echos*, 24/09/2009.

Berlioz-Curlet J., *L'arbre Seringue, le roman de François Fresneau, ingénieur du Roy*, Paris, Éditions J.M. Bordessoules, 2009.

Chevalier A., Le Pissenlit à Caoutchouc en Russie, *Revue de botanique appliquée et d'agriculture coloniale*, Vol. 25, Numéro 275, 1945.

Hallé F., *Plaidoyer pour l'arbre*, Arles, Actes Sud, 2005.

참고문헌

La Morinerie (baron de), *Les Origines du caoutchouc. François Fresneau, ingénieur du roi, 1703-1770*, La Rochelle, impr. de N. Texier, 1893.

Serier J.-B., La légende de Wickham ou la vraie-fausse histoire du vol des graines d'hévéas au Brésil, *Cahiers du Brésil Contemporain* (21), 1993.

6. 가톨릭 신부가 브라질에서 발견한 불경한 풀

Gaffarel P., 《André Thévet》, *Bulletin des recherches historiques*, Vol. xviii, novembre 1912.

Lapouge G., *Equinoxiales*, Paris, Pierre-Guillaume de Roux Éditions, 2012.

Lestringant F., *André Thévet : cosmographe des derniers Valois*, Genève, Librairie Droz, 1991.

Mahn-Lot M., *André Thévet : Les singularités de la France antarctique autrement nommée Amérique* [compte-rendu], Annales, Économies, Sociétés, Civilisations, Volume 38, Numéro 3, 1983.

Rufin J.-C., *Rouge Brésil*, Paris, Gallimard, 2001.

Thackeray F., 《Shakespeare, plants, and chemical analysis of early 17th century clay 'tobacco' pipes from Europe》, *S Afr J Sci.*; 111(7/8), 2015.

Thévet A., Laborie J. C., Lestringan F., *Histoire d'André Thévet Angoumoisin, Cosmographe du Roy, de deux voyages par luy faits aux Indes Australes et Occidentales Genève*, Librairie Droz, 2006.

7. 예수회 신부가 중국에서 발견한 초록색 열매의 희한한 운명

Boland M., Moughan P. J., 《Nutritional benefits of kiwifruits》, *Advances in food and nutrition research*, Vol. 68, 2013.

Ferguson A. R., 《1904 – the year that kiwifruit *(Actinidia deliciosa)* came to New Zealand》, *New Zealand Journal of Crop and Horticultural Science*, Vol. 32, Iss., 1, 2004.

Genest G., 《Les Palais européens du Yuanmingyuan : essai sur la végétation dans les jardins》, *Arts asiatiques*, Vol. 49, Numéro 1, 1994.

Lin H.H., Tsai P.S., Fang S.C., Liu J.F., 《Effect of kiwifruit consumption on sleep quality in adults with sleep problems》, *Asia Pac J Clin Nutr.*, 20 (2):169-74, 2011.

8. 추운 지방에서 온 식물에 관한 조사

Barney D.L., Hummer K. 《Rhubarb : botany, horticulture and genetic resources》, *Horticultural reviews*, Vol. 40, 2012.

Chevalier A., 《Les Rhubarbes cultivées en Europe et leurs origines》, *Revue de botanique appliquée et d'agriculture coloniale*, Vol. 22, Numéro 254, 1942.

Cuvier G., 《Éloge historique de Pierre-Simon Pallas lu le 5 janvier 1813》, *Recueil des éloges historiques des membres de l'Académie royale des Sciences. Éloges historiques lus dans les séances publiques de l'institut royal des Science*, Vol. 2, 1819.

Lev-Yadun S., Katzir G., Neeman G., 《*Rheum palaestinum* (desert rhubarb), a self-irrigating desert plant》, *Naturwissenschaften*, Vol. 96,

Issue 3, mars 2009.

Omori Y., Takayama H., Ohba H., 《Selective light transmittance of translucent bracts in the Himalayan giant glasshouse plant *Rheum nobile* Hook.f. & Thomson (Polygonaceae)》, *Botanical Journal of the Linnean Society*,132: 19–27, 2000.

Pallas P.S., *Voyages de M. P. S. Pallas, en différentes provinces de l'Empire de Russie, et dans l'Asie septentrionale*, traduits de l'allemand, par M. Gauthier de la Peyronie, 1788-1793.

Savelli D., 《Kiakhta ou l'épaisseur des frontières》, *Études mongoles et sibériennes, centrasiatiques et tibétaines*, 38-39, 2008, mis en ligne le 17 mars 2009, consulté le 22 août 2017.

9. 세상에서 가장 크고 구린 식물의 발견

Arnold J., Bastin J., 《The Java journal of Dr Joseph Arnold》, *Journal of the Malaysian Branch of the Royal Asiatic Society*, Vol. 46, No. 1 (223), 1973.

Brown R., *An Account of a New Genus of Plants Named Rafflesia*, 1821.

Galindon J.M.M., Ong P.S., Fernando E.S., 《*Rafflesia consueloae* (Rafflesiaceae), the smallest among giants; a new species from Luzon Island, Philippines》, *PhytoKeys* (61):37-46, 2016.

Mursidawati S., Ngatari I., Cardinal S., Kusumawati R. 《*Ex-situ* conservation of *Rafflesia patma* Blume (Rafflesiaceae) – an endangered emblematic parasitic species from Indonesia》, *J Bot Gard Hortic*, 2015.

Raffles S., *Memoir of the Life and Public Services of Sir Thomas Stamford Raffles, F.R.S. &c. Particularly in the Government of Java, 1811-1816, and of Bencoolen and Its Dependencies, 1817-1824: With Details of the Commerce and Resources of the Eastern Archipelago, and Selections from His Correspondence.* Londres, By his widow, John Murray, 1830.

Shaw J., 《Colossal Blossom. Pursuing the peculiar genetics of a parasitic plant》, *Harvard Magazine*, mars-avril 2017.

Xi Z., Bradley RK., Wurdack KJ., *et al.*, 《Horizontal transfer of expressed genes in a parasitic flowering plant》, *BMC Genomics.*, 8;13:227, juin 2012.

10. 옛날 옛적 그곳에는 세상에서 제일 높은 나무가 있었으니

Brosse J., *Larousse des arbres et des arbustes*, Paris, Larousse, 2000.

Farmer J., *Trees in Paradise: A California history.* New York, W.W. Norton & Co, 2013.

Kaplan S., 《The mystery of the 'ghost trees' may be solved》, *Washington Post*, octobre 2016.

Menzies A., 《Menzies' journal of Vancouver's voyage, April to October, 1792》, edited, with botanical and ethnological notes by C.F. Newcombe, M.D. and a biographical note by J. Forsyth, 1923.

Moore Z.J., *Albino leaves in Sequoia sempervirens show altered anatomy and accumulation of heavy metals.* Poster présenté au Coast Redwood Science Symposium, University of California, 2016.

찾아보기

세계를 여행한 식물들

모험가를 따라 바다를 건넌 식물 이야기

초판 인쇄 | 2021년 3월 15일
초판 발행 | 2021년 3월 20일

지은이 | 카티아 아스타피에프
옮긴이 | 권지현
펴낸이 | 조승식
펴낸곳 | 돌배나무
공급처 | 북스힐
등록 | 제2019-000003호
주소 | 01043 서울시 강북구 한천로 153길 17
전화 | 02-994-0071
팩스 | 02-994-0073
홈페이지 | www.bookshill.com
이메일 | bookshill@bookshill.com

ISBN 979-11-90855-17-4
정가 13,000원